JAWA MOTORRÄDER
seit 1929

Frank Rönicke

Motor buch Verlag

Impressum

Einbandgestaltung: Luis dos Santos

Bildnachweis: Archiv Frank Rönicke, Marek Koudelka; Marian Šu-man-Hreblay; Alois und Ond ej Pavl sek, eurooldtimers.com, Vitezslav Branda, iVeteran CZ, Roman Švelka, Pavel Vrba, Zombiedrive moto, Bonhams, David M. Bodlak
Für die Unterstützung bei der Texterstellung bedanke ich mich bei Michaela Hesslinger, Igersheim.

ISBN: 978-3-613-04553-8

1. Auflage 2023

Sie finden uns im Internet unter www.motorbuch-verlag.de

Lektorat:
Innengestaltung: ERWE-WERBUNG, Ralf Weinreich
Druck und Bindung: Printed by PBtisk a.s. Pribram
Printed in Czech Republic

Inhalt

Inhalt

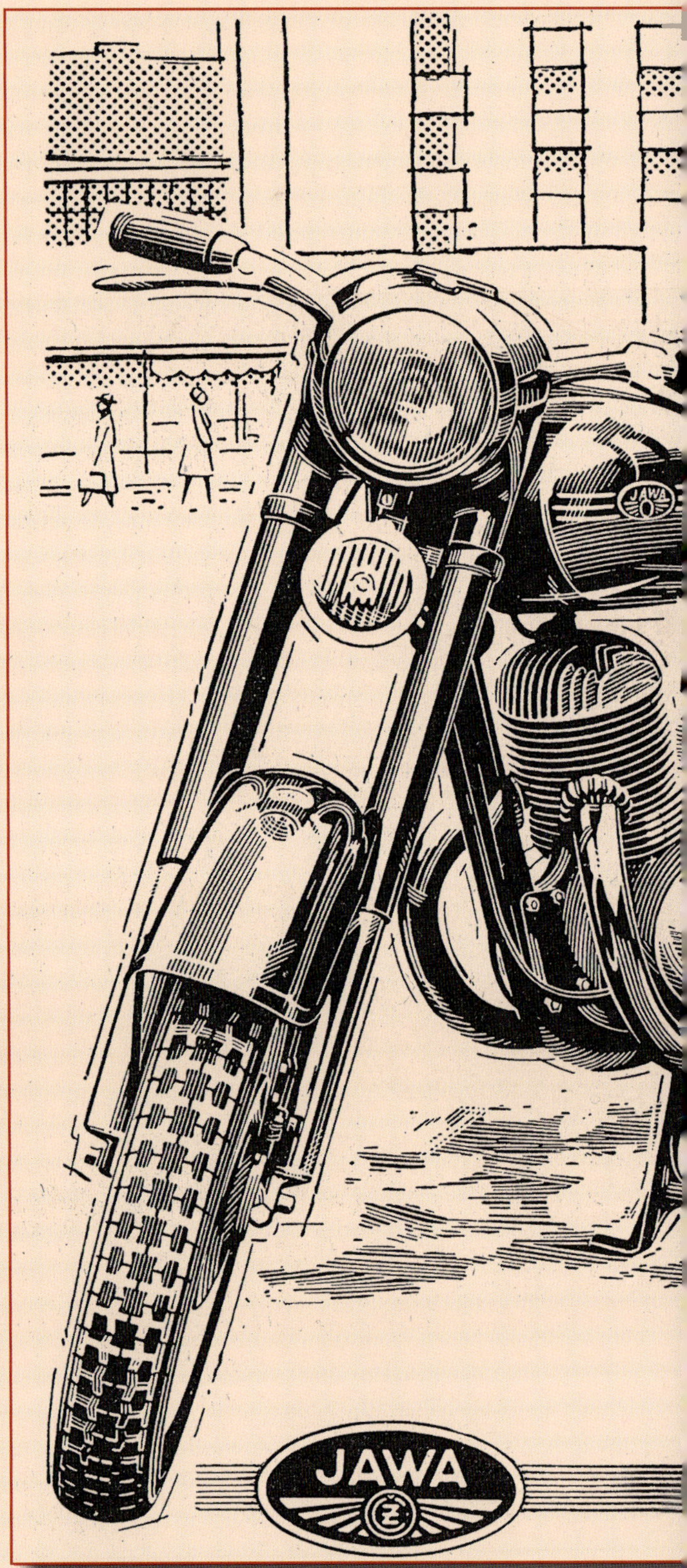

Einführung

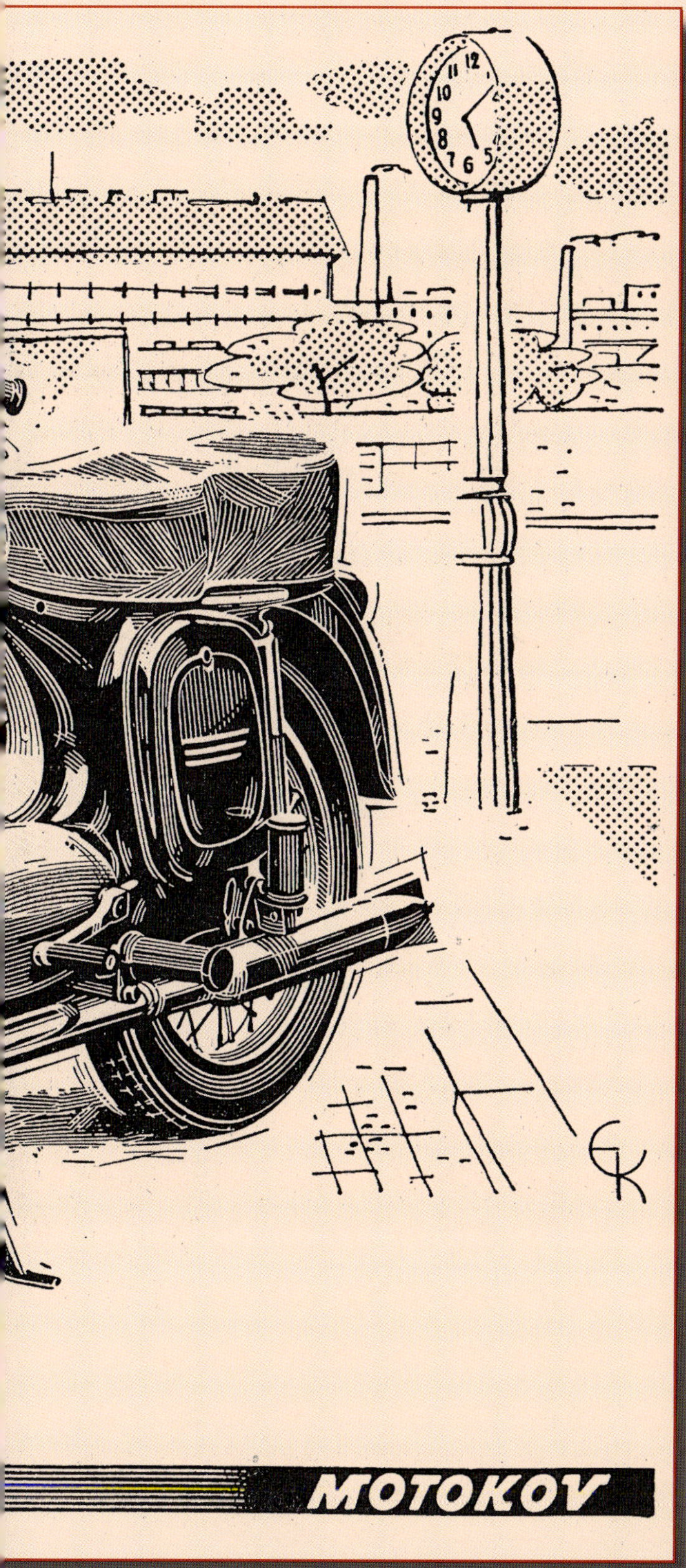

Motorräder aus der Tschechoslowakei

Ähnlich wie Deutschland waren der tschechische Teil der österreichisch-ungarischen Monarchie und nach dem Ersten Weltkrieg die Tschechoslowakische Republik Vorreiter im internationalen Motorradbau. Speziell Laurin & Klement wären hier zu nennen, die schon um die Jahrhundertwende Serienmotorräder bauten und in den Folgejahrzehnten Dutzende Nachahmer auf den Plan riefen. Zwei davon hatten sich bis zum Beginn des Zweiten Weltkrieges zu den führenden Motorradherstellern der Tschechoslowakei entwickelt: Jawa und CZ.

Der Prager Waffenfabrikant František Janecek entschloss sich 1929, Motorräder in sein ansonsten schon umfangreiches Fertigungsprogramm aufzunehmen. Es kam zur Lizenznahme für die damals populäre 500-cm^3-Maschine von Wanderer mit ohv-gesteuertem Einzylinder-Blockmotor, Kardanwelle und Pressstahlrahmen. Aus der Zusammenziehung der Namen Janecek und Wanderer entstand die Marke »Jawa«, die mit einer Fülle weiterer, selbst entwickelter Modelle schon 1934 zur größten Motorradfabrik in der Tschechoslowakei aufstieg und dies bis heute blieb. Dabei hatten die traditionell guten Beziehungen zu DKW in Zschopau ein gutes Stück mitgeholfen, denn Jawa durfte als einziger Motorradproduzent Zweitaktmotoren mit der seit 1932 von DKW rechtlich geschützten Schnürle-Umkehrspülung bauen.

CZ (Ceská Zbrojovka) wurde 1922 in Strakonice als Waffenfabrik gegründet und begann ab 1931 nebenher auch Motorräder bzw. zunächst Motorfahrräder zu bauen. Das erste richtige Motorrad, eine Zweitakt-175er von 1934, wies den Weg in die Zukunft und zu der in den nächsten Jahrzehnten bevorzugten Hubraumklasse. Sportliche Erfolge bei Zuverlässigkeitsfahrten legten zudem den Grundstein für die spätere Identität der Marke als Motorrad-Geländesport- und speziell Moto-Cross-Spezialist.

Nach dem Zweiten Weltkrieg konnten beide Firmen relativ schnell wieder mit der Motorradfertigung beginnen. Nun allerdings unter staatlicher Aufsicht und offiziell unter einem gemeinsamen Dach. Jawa konnte sich mit der modernen 250er »Perak« sehr schnell internationales Ansehen erwerben und zusammen mit der 1948 erschienenen

Zweizylinder-Perak mit 344 cm³ Hubraum die Basis für eine lange Zeit erfolgreiche Motorradproduktion legen.

Bei CZ konzentrierte man sich vor allem auf die Hubraumklassen von 125 bis 175 cm³. Beide Firmen legten von Beginn an Wert darauf, im Motorsport aktiv und erfolgreich zu sein. Neben den Einsätzen im Straßenrennsport, wo man zwar durchaus erfolgreich war, aber international nie ganz vorne landete, spezialisierten sich beide hauptsächlich auf den Geländesport und das Moto Cross. Bei Ersterem entwickelte sich Jawa zur erfolgreichsten Marke überhaupt und fuhr zwischen 1954 und 1983, dem Jahr des letzten Sieges, insgesamt 13 Siege (Trophy) bei der Internationalen Sechstagefahrt ein. Im Moto Cross holten CZ-Maschinen zwischen 1964 und 1969 vier WM-Titel in der Klasse bis 250 cm³ und von 1966 bis 1968 drei Titel in der 500er Klasse durch den unvergessenen Paul Friedrichs. Entsprechend dieser Aktivitäten entstand bei Jawa und CZ über Jahrzehnte eine kaum überschaubare Anzahl von Moto-Cross- und Geländesportmotorrädern in Klein- und Kleinstserien für die eigenen Werksfahrer, als Production-Racer für Privat- und Nachwuchsfahrer, aber auch als Exportfahrzeuge für den freien Markt. In diesem Buch soll zumindest versucht werden, die wichtigsten Typen zu erfassen.

Gebaut wurden übrigens viele der Jawa-Geländemaschinen bei der Firma Manet im slowakischen Provažska-Bystcika. Hier entstanden seit 1948 Leichtmotorräder und zehn Jahre später die Motorroller Manet S 100 und Tatran S 125. Auch bei CZ war zwischen 1957 und 1962 ein Motorroller mit 175-cm³-Zweitakter unter der Bezeichnung Cezeta gebaut worden.

Doch noch einmal zurück zum Motorsport. Bis heute sind tschechische Motorräder bzw. ihre Motoren aus dem Bahnrennsport berühmt und immer noch nachgefragt. Zunächst war es die Firma ESO aus Divišov, die Ende der 1940er Jahre Speedwaymotoren und später auch komplette Motorräder für diesen Sport anbot. Nach der Übernahme der

JAWA

Die Rückseite des Jawa-Prospekts von 1939 zeigte schon, was Jahrzehnte lang für die tschechische Marke sehr wichtig werden sollte: der Motorsport.

Marke durch Jawa trugen die Maschinen dann bald den Jawa-Schriftzug am kleinen Tank. Der Markenname ESO blieb noch eine Zeit lang für den Moto-Cross-Bereich erhalten und trat hier mit Viertaktmotoren auch auf internationaler Bühne zu Wettbewerben an.

Jawa und CZ gingen nach 1960 wieder getrennte Wege, ohne aber unter staatlicher Obhut völlig selbständig agieren zu können. Beide Firmen entwickelten bis Ende der 1960er Jahre eine große Zahl verschiedener Zweitakt-Modelle zwischen 125 und 350 cm^3, verloren aber mehr und mehr an Innovationskraft. In den siebziger und achtziger Jahren schleppte man sich mit kleinen Entwicklungsschritten, die weiter zu neuen Typenbezeichnungen führten, dahin und war, wie die anderen osteuropäischen Hersteller auch, nach 1990 nicht mehr wettbewerbsfähig.

Nachzutragen bleibt, dass Jawa 1955 auch in den Mopedbau einstieg. Aus dem »Pionyr« entwickelte sich ein Kleinroller, der wie das spätere Mokick »Mustang« bis 1983 im Programm blieb. Ein weiterer Mopedbauer war die Firma Stadion in Rakovnik, die bis 1964 in Kooperation mit Jawa diese Fahrzeuggattung produzierte.

Mitte der 1950er Jahre waren die Jawa-Zweitakt-Modelle mit 250 und 150 cm^3 durchaus Spitzenprodukte, die letztlich in über 100 Länder exportiert wurden.

Eine 350er Jawa als flotter Sportler mit diversen Eigenbauanteilen.

In den achtziger Jahren baute Jawa auch Mofas, die unter anderem in der Bundesrepublik Deutschland verkauft wurden.

Jawa-Motorräder bis 1940

Bei Janecek entschied man sich für den Lizenzbau einer eingeführten ausländischen Marke und zog zuletzt hierfür die österreichische Puch mit ihrem Doppelkolben-Zweitakter, die in Berlin gebaute Schliha mit Zweitaktmotor sowie die neue 500-cm³ Wanderer mit ohv-Blockmotor, Kardanantrieb und Pressstahlrahmen – die von den Wanderer-Werken AG in Schönau bei Chemnitz hergestellt wurde – in Betracht. Die Entscheidung fiel dann auf die Wanderer, und Ingenieur Janecek erwarb nicht nur deren Baulizenz, sondern auch die ganze Produktionseinrichtung mit vielen bereits fertiggestellten Teilen. Bei Wanderer entschloss man sich damals, den Motorradbau ganz aufzugeben, da sich der Motorradmarkt in Deutschland auf Grund der internationalen wirtschaftlichen Verhältnisse bedeutend verschlechtert hatte, und auch deshalb, weil sich die Herstellung des neuen 500-cm³-Wanderer-Modells – als direkte Konkurrenz zu BMW gedacht – nicht als rentabel erwiesen hatte.

Die Prager erkannten schnell, dass ihr erstes Erzeugnis auf dem Gebiet des Motorradbaus keinesfalls perfekt war. Wohl hatte man keine direkten Erfahrungen mit Motorrädern, doch verstand man als Waffenhersteller viel von Material, Bearbeitung und Produktion, und so entschloss man sich, vorerst die Konstruktion der Wanderer zu verbessern und weiterzuentwickeln. Kommerziell waren die ersten Jawas kein Erfolg, Ihre Herstellungs- und Entwicklungskosten übertrafen alle Erwartungen, und nur dadurch, dass es sich um eine finanzkräftige Fabrik handelte, gelang es, die Produktion aufrechtzuerhalten.

Die Maschine wog 175 kg und war solo nicht leicht zu fahren. Dagegen konnte man ihr eine gewisse Schönheit nicht absprechen, und mit ihrem rotgelben – in Luxusausführung rot-chrom – Pressstahlfahrgestell machte sie einen ausgezeichneten Eindruck. Dazu kam, dass sie sich bei den schwersten Wertungs- und Zuverlässigkeits-Fahrten ausgezeichnet bewährte und auch bei der internationalen Sechstagefahrt 1931 und 1932 sehr gut abschnitt.

Jawa 500 OHV

Als dann die allererste Jawa in den Handel kam, da hatte sie – im Gegensatz zum Original – bereits eine Pressstahlgabel an Stelle der Rohrgabel und einen Satteltank an Stelle des Dreiecksbehälters. Später wurde auch der Steuerkopf umkonstruiert, das Schmiersystem weiterentwickelt, der Zylinderkopf mit dem Ventilantrieb geändert, die Pleuellager und die Entlüftung des Motors verbessert, die Kupplung umkonstruiert und auch die Bremsen und Auspufftöpfe Verbesserungen unterzogen. Viel Augenmerk musste auch dem Kardanantrieb zugewandt werden, und obwohl dieser bei den letzten Ausführungen schon viel besser war als am Anfang, blieb er doch bis zur Aufgabe der Herstellung dieses Modells ein Schwachpunkt. Aufgegeben wurde dieser 498,7-cm³-ohv-Einzylinder mit 84 mm Bohrung und 90 mm Hub 1932, nachdem 1016 Stück bei Jawa gebaut worden waren. Die Bilder zeigen eine ganz frühe Version von 1929 und ein spätes Modell von 1931.

Fahrzeugtyp	Motorrad
Produktionszeit	1929–1931
Motor	1-Zylinder-4-Takt
Steuerung	ohv
Kühlung	Fahrtwind
Hubraum (cm³)	498
Bohrung/Hub (mm)	84/90
Leistung PS/1/min	18/3400
Verdichtung :1	5
Getriebe	4-Gang
Rahmen	Pressstahlrahmen
Federung vorn	Trapezgabel
Federung hinten	keine
Reifen vorn	3.50 x 19
Reifen hinten	3.50 x 19
Bremse vorn	Innenbacken
Bremse hinten	Innenbacken
Leergewicht (kg)	175
Tankinhalt (Liter)	k. A.
Höchstgeschw. (km/h)	95–125
Verbrauch (l/100 km)	5–6

Jawa 175 Villiers

Der ehemalige englische Rennfahrer William Patchett wechselte bei Jawa in die Konstruktion und war am Aufstieg der Marke maßgeblich beteiligt. Die Marktlage am Anfang der dreißiger Jahre richtig erkennend, schuf er ein kleines Volksmotorrad mit einem niedrigen und dabei modernen und schönen Pressstahlrahmen. Rot emailliert, erfreute sich diese Neukonstruktion bald großer Beliebtheit, zumal sie nicht nur mit einem leistungsfähigen und zuverlässigen 172-cm³-Villiers-Zweitaktmotor ausgestattet war, sondern auch für nur 4250 Kronen angeboten wurde. Bis dahin konnte man unter 7000 Kronen kein neues Motorrad in der Tschechoslowakei bekommen. Jawa erwarb bald darauf die Lizenz für die Herstellung dieser Villiers-Motoren und etablierte ein weit verzweigtes Vertreternetz, das viel zum Erfolg der Marke beitrug. Die schnittige Maschine diente nicht nur als billiges Transportfahrzeug, sondern auch als Sportmodell für die jüngere Generation. Bereits 1933 war sie das meistgekaufte Motorrad in der Tschechoslowakei.

Fahrzeugtyp	Motorrad
Produktionszeit	1932–1934
Motor	1-Zylinder-2-Takt
Steuerung	Nasenkolben
Kühlung	Fahrtwind
Hubraum (cm³)	172
Bohrung/Hub (mm)	57,2/67
Leistung PS/1/min	5,5/3750
Verdichtung :1	6,8
Getriebe	4-Gang
Rahmen	Pressstahlrahmen
Federung vorn	Trapezgabel
Federung hinten	keine
Reifen vorn	3,25 x 19
Reifen hinten	3,25 x 19
Bremse vorn	Innenbacken
Bremse hinten	Innenbacken
Leergewicht (kg)	70
Tankinhalt (Liter)	10,5
Höchstgeschw. (km/h)	80
Verbrauch (l/100 km)	3

Jawa 350 SV

Als Ersatz für die aus dem Programm genommene 500er entschied man sich für den Bau einer einzylindrigen 350-cm³-sv-Maschine. Patchetts erste Konstruktion hatte einen Pressstahlrahmen mit Blockmotor, Kardanantrieb und elektrischem Anlasser. Zur Serienreife kam sie allerdings hauptsächlich wegen zu hoher Produktionskosten nicht. Gebaut wurde dann eine ähnliche Konstruktion mit einem eigenen, nach vorn geneigten 346-cm³-sv-Motor mit getrenntem Getriebe und Kettenantrieb zum Hinterrad. Ein Jahr darauf, 1934, folgte eine, ähnliche ohv-Variante. Beide hatten 70 mm Bohrung und 90 mm Hub, wobei die seitengesteuerte Konstruktion 12 PS bei 4500 U/min abgab.

Fahrzeugtyp	Motorrad
Produktionszeit	1934–1936
Motor	1-Zylinder-4-Takt
Steuerung	sv
Kühlung	Fahrtwind
Hubraum (cm³)	346
Bohrung/Hub (mm)	70/90
Leistung PS/1/min	12/4500
Verdichtung :1	5,6
Getriebe	4-Gang
Rahmen	Pressstahl-Doppelrahmen
Federung vorn	Trapezgabel
Federung hinten	keine
Reifen vorn	3.25-19
Reifen hinten	3.25-19
Bremse vorn	Innenbacken
Bremse hinten	Innenbacken
Leergewicht (kg)	125
Tankinhalt (Liter)	10
Höchstgeschw. (km/h)	100
Verbrauch (l/100 km)	3,5

Jawa 350 OHV

Jawa war schon 1934 mit einem recht breit gefächerten Programm an Zwei- und Viertaktmotorrädern die größte Motorradfabrik im Lande geworden. Nachdem die Tschechen erst 1934 einen Einzylinder-Viertakter mit 350 cm³ Hubraum und Seitensteuerung herausgebracht hatten, folgte ein Jahr später schon eine Maschine mit einem modernen ohv-Motor nach. Dieses sportliche Motorrad war ein so beliebtes Mittelklassemodell, dass sich die Prager entschlossen, es nach dem Krieg noch bis 1949, zumindest in kleinen Stückzahlen, weiterzubauen. Die schöne Linienführung konnte sich immer noch sehen lassen, der Motor mit Königswelle und gekapseltem Ventiltrieb sowieso. Hervorzuheben sind außerdem das fußgeschaltete Viergang-Getriebe in einem Gehäuse aus Elektron und die Steckachsen, die den Reifenwechsel erleichterten. Eine »Special«-Variante mit viel Chrom und ein paar Extras war etwas teurer als das Standard-Modell.

Fahrzeugtyp	Motorrad
Produktionszeit	1935–1949
Motor	1-Zylinder-4-Takt
Steuerung	ohv
Kühlung	Fahrtwind
Hubraum (cm³)	346
Bohrung/Hub (mm)	70/90
Leistung PS/1/min	15/4000
Verdichtung :1	6
Getriebe	4-Gang
Rahmen	Pressstahl-Doppelrahmen
Federung vorn	Trapezgabel
Federung hinten	keine
Reifen vorn	3.50-19
Reifen hinten	3.50-19
Bremse vorn	Innenbacken
Bremse hinten	Innenbacken
Leergewicht (kg)	145
Tankinhalt (Liter)	12
Höchstgeschw. (km/h)	115
Verbrauch (l/100 km)	3,5

Jawa 175 Standard Special

Die Jawa 175 in den Ausführungen »Standard Special« und »Volkstype« war in den dreißiger Jahren des letzten Jahrhunderts das beliebteste und meistverkaufte tschechische Motorrad. Grund genug für die Prager Firma, das Modell auch nach dem Krieg wieder anzubieten, jedenfalls so lange, bis Neukonstruktionen marktfähig waren. Der Zweitaktmotor war ein Lizenznachbau von Villiers (England), der hier ordentliche 6 PS leistete. Die Basis des Fahrwerks bildete der bei Jawa bewährte Pressstahl-Doppelrahmen mit einer geschlossenen Trapezfedergabel; auf eine Hinterradfederung musste zu dieser Zeit üblicherweise noch verzichtet werden. Die Maschine wurde auch in Deutschland angeboten, wo 175er aber längst keine Rolle mehr spielten und erst 20 Jahre später wieder das Interesse der Käufer weckten. Dennoch konnten von diesem Jawa-Modell in den verschiedensten Varianten insgesamt stolze 27.535 Exemplare verkauft werden.

Fahrzeugtyp	Motorrad
Produktionszeit	1934–1946
Motor	1-Zylinder-2-Takt
Steuerung	Schlitz
Kühlung	Fahrtwind
Hubraum (cm³)	173
Bohrung/Hub (mm)	57,2/67
Leistung PS/1/min	6/3970
Verdichtung :1	k. A.
Getriebe	4-Gang
Rahmen	Pressstahl-Doppelrahmen
Federung vorn	Trapezgabel
Federung hinten	keine
Reifen vorn	3.00-19
Reifen hinten	3.00-19
Bremse vorn	Innenbacken
Bremse hinten	Innenbacken
Leergewicht (kg)	85
Tankinhalt (Liter)	10,5
Höchstgeschw. (km/h)	85
Verbrauch (l/100 km)	3

Jawa 250 Standard Special

Zu den 175er Zweitaktern und 350er Viertaktern kam Mitte der dreißiger Jahre auch ein 248 cm³ großes Zweitaktmodell hinzu. Ursprünglich war auch hier der Einsatz des Nasenkolben-Zweitakters von Villiers geplant. Dann kam jedoch der Villiers-Flachkolbenmotor mit Kreuzstromspülung heraus, den man versuchsweise benützte, ohne von ihm jedoch – vor allem infolge thermischer Probleme – begeistert zu sein. So kam es, dass man sich damals wieder nach Sachsen, genau gesagt nach Zschopau, wandte, wo die Auto Union AG, die alleinigen Patentrechte für die Umkehrspülung von Dr. Adolf Schnürle besaß und wo man bei DKW mit großem Erfolg dieses System anwandte, Jawa erwarb damals die Lizenz für die Schnürle-Spülung und rüstete damit erstmalig die neue 250-cm³-Maschine aus.

Gegenüber dem Modell »Special« musste die Jawa 250 Standard ohne Chromzierrat auskommen. (Foto: Marek Koudelka, © CC BY-SA 4.0)

Fahrzeugtyp	Motorrad
Produktionszeit	1934–1940
Motor	1-Zylinder-2-Takt
Steuerung	Schlitz
Kühlung	Fahrtwind
Hubraum (cm³)	248
Bohrung/Hub (mm)	63/80
Leistung PS/1/min	9/3850
Verdichtung :1	6.
Getriebe	3-Gang
Rahmen	Pressstahlrahmen
Federung vorn	Trapezgabel
Federung hinten	keine
Reifen vorn	3.00-19
Reifen hinten	3.00-19
Bremse vorn	Innenbacken
Bremse hinten	Innenbacken
Leergewicht (kg)	95
Tankinhalt (Liter)	10
Höchstgeschw. (km/h)	100
Verbrauch (l/100 km)	3,5

Jawa 250 Duplex-Blok

1939 erschien die 250er überarbeitet und wies jetzt unter anderem ein fußgeschaltetes Viergang-Getriebe auf, das am Motor angeblockt und mittels Duplexkette mit der Kurbelwelle verbunden war. Ein klassischer DKW-Motor eben!

Wie eine vergrößerte 175er Jawa aussehend, hatte der 250er Motor 63 mm Bohrung, 80 mm Hub und gab rund 9 PS bei 3800–4000 U/min ab. Auch dieser Typ wurde bald ein großer kommerzieller Erfolg (die Tschechoslowakei war im März 1939 von Deutschland endgültig annektiert worden, wo seit Oktober 1938 eine neue Führerscheinordnung die 250-cm³-Maschinen bevorteilte) und bildete zusammen mit der 172-cm³-Maschine die Basis für die Motorradproduktion von Jawa in den Vorkriegsjahren.

Fahrzeugtyp	Motorrad
Produktionszeit	1939–1945
Motor	1-Zylinder-2-Takt
Steuerung	Schlitz
Kühlung	Fahrtwind
Hubraum (cm³)	246
Bohrung/Hub (mm)	68/67,5
Leistung PS/1/min	9/4000
Verdichtung :1	6.
Getriebe	3-Gang
Rahmen	Pressstahlrahmen
Federung vorn	Trapezgabel
Federung hinten	keine
Reifen vorn	3.00-19
Reifen hinten	3.00-19
Bremse vorn	Innenbacken
Bremse hinten	Innenbacken
Leergewicht (kg)	95
Tankinhalt (Liter)	10
Höchstgeschw. (km/h)	100
Verbrauch (l/100 km)	3,5

Jawa 100 Robot

Und noch ein Jawa-Modell überlebte den Zweiten Weltkrieg und wurde bis 1946 gebaut. Die »Robot« war allerdings kein echtes Motorrad, sondern eines der in den dreißiger Jahren so beliebten Motorfahrräder mit einem Pedaltrieb anstelle der sonst üblichen Fußrasten. Der kleine Zweitaktmotor mit 98 cm³ Hubraum war eine Eigenkonstruktion, die, wie das ganze Fahrzeug, von Josef Jozif, dem Jawa-Konstrukteur der kommenden Jahrzehnte, gezeichnet worden war. Die kleine Maschine wurde schnell zum Verkaufsschlager, was nicht verwunderte, denn sie durfte ab 14 Jahren und ohne Führerschein gefahren werden, kostete weder Steuer noch Versicherung, brauchte kein Nummernschild und war mit 2.790,- Kronen sehr preiswert in der Anschaffung. Gerade einmal 49 kg brachte die gesamte Maschine auf die Waage, hatte aber trotzdem mit dem Pressstahl-Doppelrahmen und der Trapezfedergabel ein recht stabiles Fahrwerk.

Fahrzeugtyp	Motorfahrrad
Produktionszeit	1937–1946
Motor	1-Zylinder-2-Takt
Steuerung	Umkehrspülung
Kühlung	Fahrtwind
Hubraum (cm³)	98,8
Bohrung/Hub (mm)	k. A.
Leistung PS/1/min	2,7/3750
Verdichtung :1	k. A.
Getriebe	3-Gang
Rahmen	Pressstahl-Doppelrahmen
Federung vorn	Trapezgabel
Federung hinten	keine
Reifen vorn	2.25-19
Reifen hinten	2.25-19
Bremse vorn	Innenbacken
Bremse hinten	Innenbacken
Leergewicht (kg)	49
Tankinhalt (Liter)	8
Höchstgeschw. (km/h)	65
Verbrauch (l/100 km)	2

Die Jawa Robot war zwar mit Pedalen und einem 98-ccm-Zweitaktmotor ausgerüstet und erinnerte damit an die deutschen Motorfahrräder dieser Zeit, ihr Fahrwerk wies jedoch vielmehr in Richtung vollwertiges Motorrad.

Die Serienmotorräder 1946–1990

(Foto: Reinhold Möller, © CC BY-SA 4.0)

Den Jawa-Leuten war es nicht erlaubt, während des Zweiten Weltkrieges weiter Motorräder zu bauen, geschweige denn zu entwickeln. Letzteres wurde aber doch heimlich und unter nicht geringen Gefahren für die Protagonisten, allen voran den Entwicklungsleiter Josef Jozif, getan. Auch hier spielte die Marke DKW wieder eine nicht unbedeutende Rolle; Jawa war seit 1940 zum Wehrmachtsreparaturbetrieb umfunktioniert worden und setzte unter anderem die Zschopauer Wehrmachtstypen RT 125-1 und NZ 350-1 instand. Folglich lackierte man die neu entwickelten Prototypen in Wehrmachtsgrau, klebte DKW-Embleme an den Tank und fuhr tausende Testkilometer. So konnten die Prager schon 1945 ein blitzblankes 250er Zweitaktmodell (wieder mit Schnürle-Umkehrspülung und Flachkolben) präsentieren. Noch viel mehr Aufmerksamkeit erregten die Tschechen aber mit der zwei Jahre später erschienenen 350er Zweizylinder-Maschine.

Dieser 350-cm³-Zweitaktmotor musste bei seinem Erscheinen 1947 schon als kleine Sensation auf dem internationalen Motorradmarkt bezeichnet werden. Dieser schöne Paralleltwin, der viele Teile mit dem 250er Einzylindermotor gemeinsam hatte, war seiner Zeit um einige Jahre voraus und Vorbild für spätere Konstruktionen – auch in Deutschland. Die eng zusammenliegenden und tief im verrippten

Motorgehäuse steckenden Zylinder mit je 58 mm Bohrung und 65 mm Hub (344 cm^3, 180° Kurbelwellenversatz) und der ebenfalls tief versenkte Jikov-Vergaser, dessen Abdeckung die Gehäuseverrippung sehr stimmig weiterführte, ließen das gesamte Triebwerk sehr kompakt erscheinen. Tatsächlich musste man genauer hinsehen, um es vom 250er Motor zu unterscheiden. In den Folgejahren wurde diese Optik nur moderat überarbeitet, deutlich wurde das zu Beginn der 1970er Jahre, als mit den Californian-Modellen der Vergaser nicht mehr versteckt wurde.

Das Bild zeigt den ersten Jawa-Twin, der parallel auch in der baugleichen Ogar 350 eingesetzt wurde.

Mit geschärften Kanten steckte der gleiche Motor in dem noch bis 1991 gebauten Modell Jawa 638 TS. Allerdings hatten diverse Modernisierungsmaßnahmen wie Leichtmetallzylinder und Graugussbüchsen in Verbindung mit verbesserten Benzinqualitäten (und der Möglichkeit höherer Verdichtungen) die Leistung von anfangs 12 PS bei 4250 U/min und einer Verdichtung von 6,6:1 auf zuletzt 27 PS bei 5500 U/min und einer Verdichtung von 10,2:1 mehr als verdoppelt. Dazu war seit 1969 eine Frischöldosierung möglich.

Rund 1,5 Millionen 350er Jawas sollen bis zu Beginn der 1990er Jahre, als für die gesamte Ostblockregion der Markt zusammenbrach, gefertigt worden sein. Ob dabei die vielen tausend in den Montagewerken der Türkei, in Indien und Ägypten entstandenen Maschinen mitgezählt wurden, ist nicht bekannt. Zählt man Ersatzmotoren und Motoren für diverse Moto-Cross- und Geländesportmodelle dazu, könnte die Gesamtzahl produzierter 350er Jawa-Zweitakt-Twins bei rund zwei Millionen Stück liegen. Weltrekord!

Jawa 250 »Perak« (Typen 10 und 11)

Die deutschen Besatzer in der Tschechoslowakei erlaubten es der Firma Jawa nicht, während des Krieges weiter Motorräder zu bauen, geschweige denn zu entwickeln. Letzteres wurde aber doch heimlich getan und schon 1945 konnten die Prager ein blitzblankes 250er Zweitaktmodell präsentieren, das Maßstäbe setzte, international sehr erfolgreich war und die Basis für eine jahrzehntelange Jawa-Produktion schuf. 1946 begann die Serienfertigung der »Perak«, deren Name »Feder« bedeutete und auf die vollgefederte Maschine mit Teleskopgabel vorn und Geradwegfederung hinten hinweisen sollte. Der sehr schöne, glattflächige Motorblock erinnerte an die DKW NZ 250, die wohl einigen Einfluss auf die Jawa-Konstruktion genommen hatte. Bis 1950 hatte die Perak die interne Typenbezeichnung 10, mit der Einführung einer neuen Lichtmaschine folgte der Typ 11. 180.000 Exemplare wurden bis 1954 von der Jawa 250 Perak gebaut.

Fahrzeugtyp	Motorrad
Produktionszeit	1946–1954
Motor	1-Zylinder-2-Takt
Steuerung	Umkehrspülung
Kühlung	Fahrtwind
Hubraum (cm³)	248,5
Bohrung/Hub (mm)	65/75
Leistung PS/1/min	9/4250
Verdichtung :1	6,25
Getriebe	4-Gang
Rahmen	Stahlblech-Vierkant, geschweißt
Federung vorn	Telegabel
Federung hinten	Geradweg-Teleskop
Reifen vorn	3.00-19
Reifen hinten	3.00-19
Bremse vorn	Innenbacken
Bremse hinten	Innenbacken
Leergewicht (kg)	125
Tankinhalt (Liter)	13
Höchstgeschw. (km/h)	100
Verbrauch (l/100 km)	3

(Foto: Patrik Veltruský, © CC-BY-2.0)

Jawa 350 »Perak« (Typ 12)

Dem 250er Modell folgte 1948 eine Zweizylinder-Zweitakt-Maschine mit 350 cm³ nach. Fahrwerk und Getriebe mit halbautomatischer Kupplung waren identisch mit der Ausstattung der Perak 250 und da der 350er Zweitakter sehr schmal baute, kam es immer wieder zu Verwechslungen der beiden Maschinen. Doch der 350er Motor unterschied sich schon allein durch seine beiden Zylinder, die je einen Unterbrecher und eine Zündspüle hatten, aber von einem gemeinsamen Vergaser gespeist wurden, von dem kleineren Triebwerk. Heute muss man die Jawa 350 als einen Meilenstein der Motorradgeschichte bezeichnen. Der schöne Motor-Getriebeblock mit dem versteckten Vergaser und der halbautomatischen Kupplung, die gesamte Linienführung und das voll gefederte Fahrwerk mit Telegabel gehörten im internationalen Motorradbau noch lange nicht zur Tagesordnung. Die hier abgebildete Ogar 350 war bis auf die Farbgebung identisch mit der Jawa Typ 12.

Fahrzeugtyp	Motorrad
Produktionszeit	1948–1950
Motor	2-Zylinder-2-Takt
Steuerung	Umkehrspülung
Kühlung	Fahrtwind
Hubraum (cm³)	344
Bohrung/Hub (mm)	58/65
Leistung PS/1/min	12/4250
Verdichtung :1	6,6
Getriebe	4-Gang
Rahmen	Stahlblech-Vierkant, geschweißt
Federung vorn	Telegabel
Federung hinten	Geradweg-Teleskop
Reifen vorn	3.00-19
Reifen hinten	3.00-19
Bremse vorn	Innenbacken
Bremse hinten	Innenbacken
Leergewicht (kg)	135
Tankinhalt (Liter)	13
Höchstgeschw. (km/h)	115
Verbrauch (l/100 km)	3,5

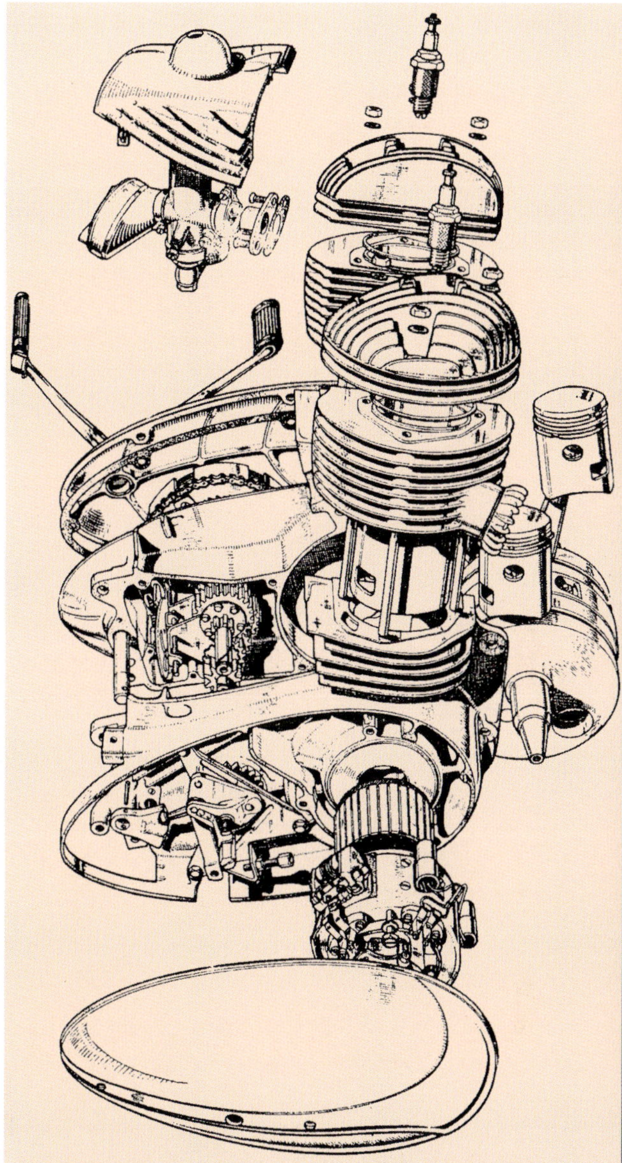
Die Explosionszeichnung des Zweitakt-Twins wie er auch vom Design her bis weit in die 1960er Jahre hinein verbaut wurde.

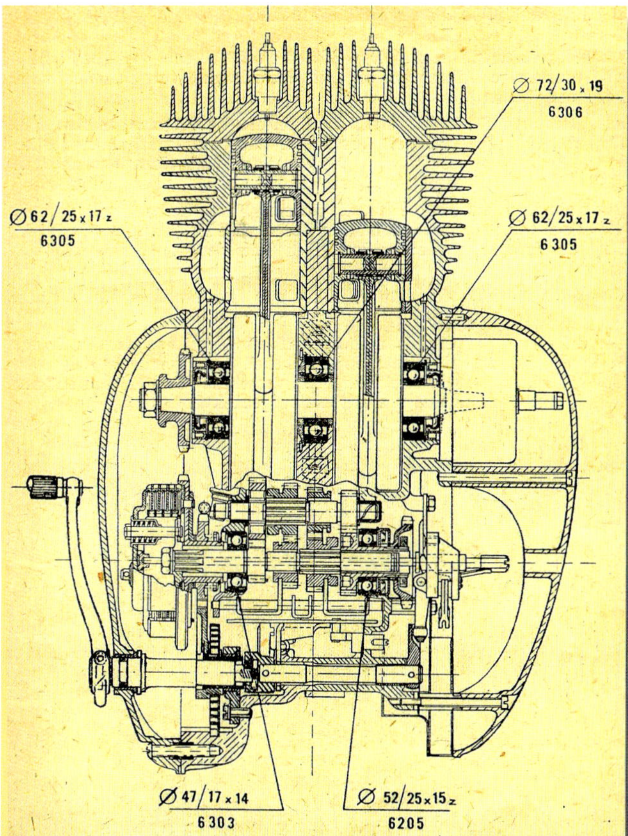

Die Schnittzeichnung zeigt, wie eng die beiden Zylinder beieinander stehen, so dass die Baubreite die eines Einzylindermotors nur wenig übertraf.

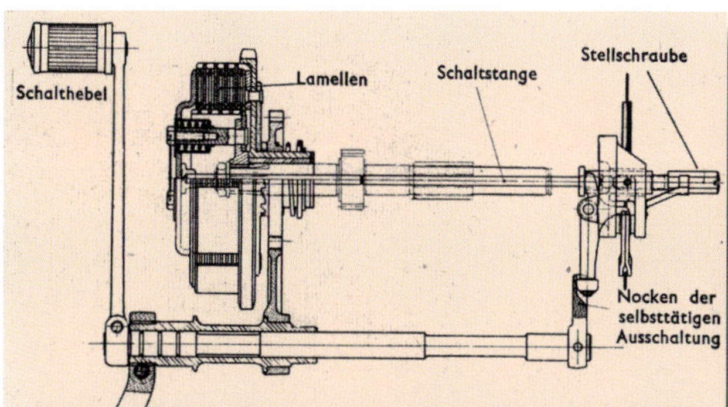

Von Anfang an war das Jawa-Triebwerk mit einer halbautomatischen Kupplung ausgerüstet, die theoretisch den Kupplungshebel am Lenker nur für den Anfahrvorgang benötigte.

Jawa 350 »Perak« (Typ 18)

Nachdem die 250er Perak als Typ 11 schon für die fünfziger Jahre fit gemacht worden war, musste natürlich auch das 350er Zweizylinder-Modell nachziehen. Und das bedeutete in erster Linie eine Erhöhung der Motorleistung auf 14 PS bei unveränderten Basisdaten des Zweitakters. Äußerlich unterschied sich die Maschine kaum vom Modell 12, hatte sich aber bis zu ihrem Produktionsende 1956 zahlreichen Überarbeitungen zu unterziehen, die vor allem die Federelemente und die elektrische Anlage betrafen. Gegen Ende waren schon viele Bauteile des Nachfolgemodells, wie zum Beispiel die Vollnabentrommeln, zum Einsatz gekommen. Die 350er Jawa war ein äußerst begehrtes Modell; im Inland und den sozialistischen Bruderländern sowieso, aber auch in immer mehr westliche Länder wurden die roten Renner aus Prag exportiert.

Fahrzeugtyp	Motorrad
Produktionszeit	1950–1956
Motor	2-Zylinder-2-Takt
Steuerung	Umkehrspülung
Kühlung	Fahrtwind
Hubraum (cm³)	344
Bohrung/Hub (mm)	58/65
Leistung PS/1/min	14/4250
Verdichtung :1	k. A.
Vergaser	Jikov
Getriebe	4-Gang
Rahmen	Stahlblech-Vierkant, geschweißt
Federung vorn	Telegabel
Federung hinten	Geradweg-Teleskop
Reifen vorn	3.00-19
Reifen hinten	3.00-19
Bremse vorn	Halbnaben-Trommel
Bremse hinten	Halbnaben-Trommel
Leergewicht (kg)	135
Tankinhalt (Liter)	13
Höchstgeschw. (km/h)	115
Verbrauch (l/100 km)	3,5

Jawa 15/01 / 15/02

Natürlich waren die Jawa-Ingenieure auch nach dem Krieg bestrebt, wieder ein großes Viertaktmodell im Programm zu haben. Nach diversen Studien und Prototypen konnte 1952 die Serienfertigung für den Typ 15/01 anlaufen. Die Stückzahlen hielten sich jedoch in engen Grenzen und exportiert wurde die Maschine offiziell gar nicht. Im Zweizylinder-Motor mit oben liegender Nockenwelle, die von einer Königswelle angetrieben wurde, liefen die Kolben parallel. Die Leistung betrug anfangs 26 PS. Das Fahrwerk mit dem aus Vierkantprofilen zusammengeschweißten Rahmen entsprach im Wesentlichen dem der Perak-Modelle, war für den Beiwagen-Betrieb jedoch etwas kräftiger ausgelegt. Nach einigen Überarbeitungen im Jahre 1954 wechselte die Typenbezeichnung in 15/02. Unter anderem war die Motorleistung angehoben worden, die Zündung wurde von Magnet- auf Batteriezündung umgestellt, Vollnaben-Trommeln lösten die Halbnaben-Bremsen ab und eine durchgehende Sitzbank die Einzelsitze. Bis 1958 sollen nur ganze 2500 Viertakt-Jawas das Werk verlassen haben.

Fahrzeugtyp	Motorrad
Produktionszeit	1952–54 / 1954–58
Motor	2-Zylinder-4-Takt
Steuerung	ohc
Kühlung	Fahrtwind
Hubraum (cm³)	488
Bohrung/Hub (mm)	65/73,6
Leistung PS/1/min	26/5500 / 28/5500
Verdichtung :1	6,8
Getriebe	4-Gang
Rahmen	Stahlblech-Vierkant, geschweißt
Federung vorn	Telegabel
Federung hinten	Geradweg-Teleskop
Reifen vorn	3.25-19
Reifen hinten	3.50-19
Bremse vorn	Halbnaben- / Vollnaben-Trommel
Bremse hinten	Halbnaben- / Vollnaben-Trommel
Leergewicht (kg)	168 / 174
Tankinhalt (Liter)	16
Höchstgeschw. (km/h)	135 / 147
Verbrauch (l/100 km)	4,5

Die Jawa 15/02 mit Vollnaben-Bremsen und durchgehender Sitzbank.

Jawa 250 »Kyvacka« (Typ 353)

Kývacka hieß Schaukel und stand für die neue Hinterradfederung mittels Langschwinge, die sich auf zwei hydraulische Federbeine abstützte, und die neue, ebenfalls hydraulisch arbeitende Telegabel. Der Fahrer fühlte sich also geschaukelt. Optisch war der Perak-Nachfolger deutlich an der neuen Lampenverkleidung, dem zeittypisch geschlossenen Heckaufbau, der durchgehenden Sitzbank, dem vorderen Kotflügel und vor allem dem neuen 16-Zoll-Fahrwerk zu erkennen. Die Kette lief in einem geschlossenen Kasten. Der Motor hatte auch einige Änderungen erfahren und leistete jetzt 12 PS. Waren die bisherigen Jawa-Motorräder im In- und Ausland schon sehr beliebt, setzten die Kyvacka-Modelle neue Maßstäbe und eroberten sich viele neue Freunde. Vor allem die sportliche Optik, die Mitte der 1950er Jahre in Europa noch nicht alltäglich war, sprach die Motorradfahrer an, die mit ihrer Maschine nicht nur zur Arbeit fahren wollten.

Fahrzeugtyp	Motorrad
Produktionszeit	1953–1955
Motor	1-Zylinder-2-Takt
Steuerung	Umkehrspülung
Kühlung	Fahrtwind
Hubraum (cm³)	248
Bohrung/Hub (mm)	65/75
Leistung PS/1/min	12/4750
Verdichtung :1	6,25
Getriebe	4-Gang
Rahmen	Stahlblech-Vierkant, geschweißt
Federung vorn	Telegabel
Federung hinten	Schwinge mit Federbeinen
Reifen vorn	3.25-16
Reifen hinten	3.25-16
Bremse vorn	Halbnaben
Bremse hinten	Halbnaben
Leergewicht (kg)	135
Tankinhalt (Liter)	13
Höchstgeschw. (km/h)	110
Verbrauch (l/100 km)	3,5

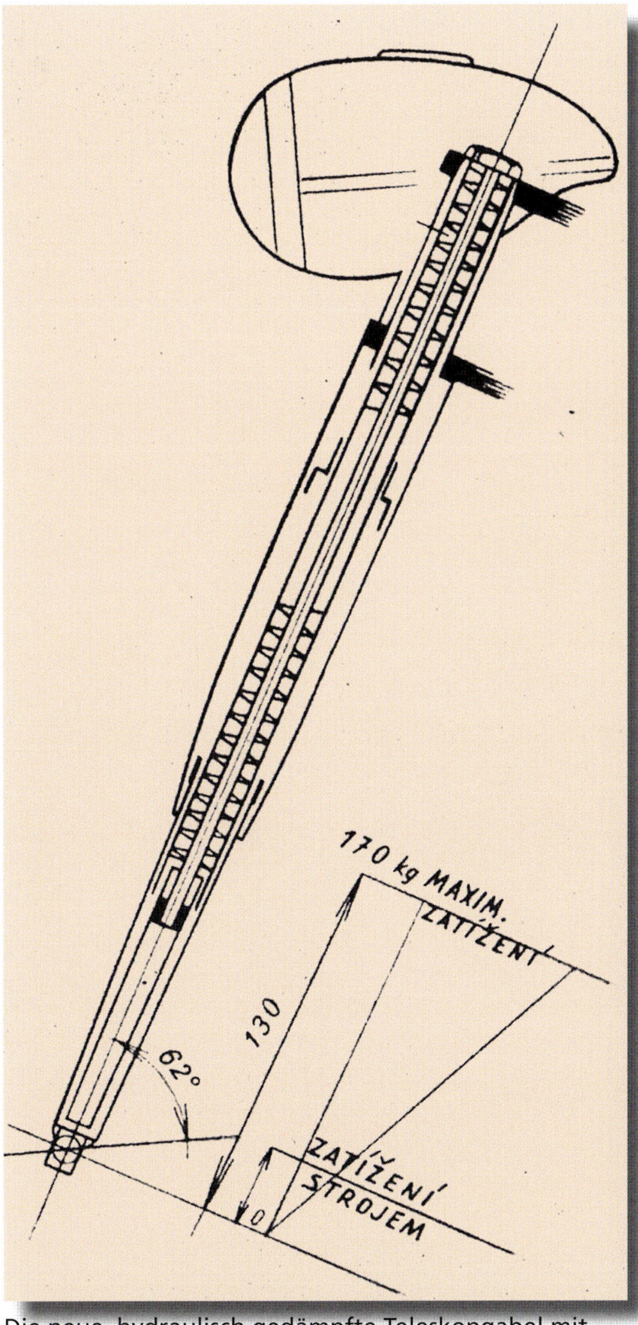

Die neue, hydraulisch gedämpfte Teleskopgabel mit jetzt 130 mm Federweg.

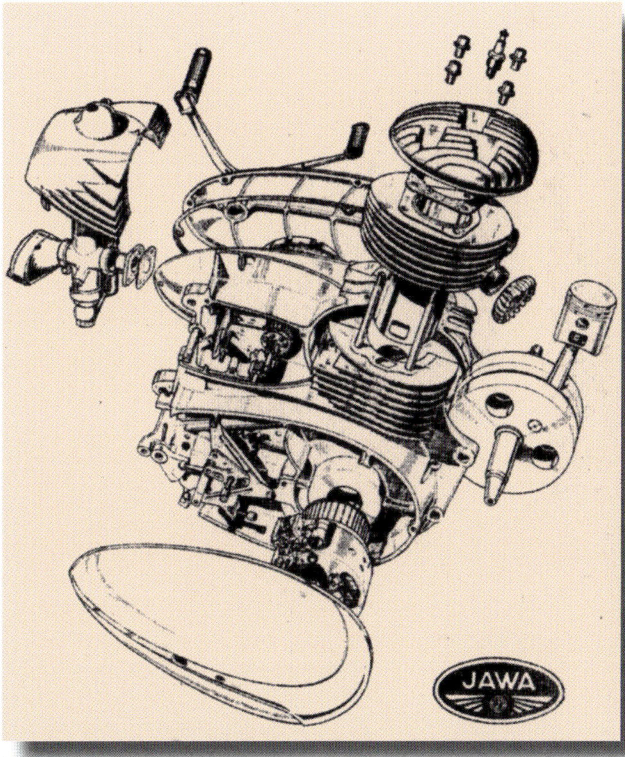

Die Explosionszeichnung des Einzylinder-Zweitakters der Jawa Kyvacka 250, der jetzt 12 PS leistete.

Jawa 350 »Kyvacka« (Typ 354)

Natürlich übertrug Jawa das neue Design, die Hinterradschwinge und das 16-Zoll-Fahrwerk auch auf das Zweizylinder-Modell mit 350 cm³ Hubraum. Dabei blieb die Motorleistung gegenüber dem Typ 18 unverändert. Diese Maschine setzte wiederum Maßstäbe, gab es doch zu jener Zeit in Europa kaum ein vergleichbar sportliches Modell mit solch modernen Zutaten in dieser Klasse. Es war genau diese 350er, wovon die Jungs im gesamten Ostblock 20 Jahre lang träumten. Nur wenige konnten sich den Traum erfüllen.

Die neue Kyvacka wurde 1953 eingeführt und noch bis 1956 lief parallel die Perak Typ 18 vom Band. Speziell für den Behördeneinsatz und mit einem Beiwagen ausgestattet, blieb das Vorgängermodell interessant.

Fahrzeugtyp	Motorrad
Produktionszeit	1953–1955
Motor	2-Zylinder-2-Takt
Steuerung	Umkehrspülung
Kühlung	Fahrtwind
Hubraum (cm³)	344
Bohrung/Hub (mm)	58/65
Leistung PS/1/min	14/4250
Verdichtung :1	k. A.
Getriebe	4-Gang
Rahmen	Stahlblech-Vierkant, geschweißt
Federung vorn	Telegabel
Federung hinten	Schwinge mit Federbeinen
Reifen vorn	3.25-16
Reifen hinten	3.25-16
Bremse vorn	Halbnaben
Bremse hinten	Halbnaben
Leergewicht (kg)	145
Tankinhalt (Liter)	13
Höchstgeschw. (km/h)	120
Verbrauch (l/100 km)	3,5

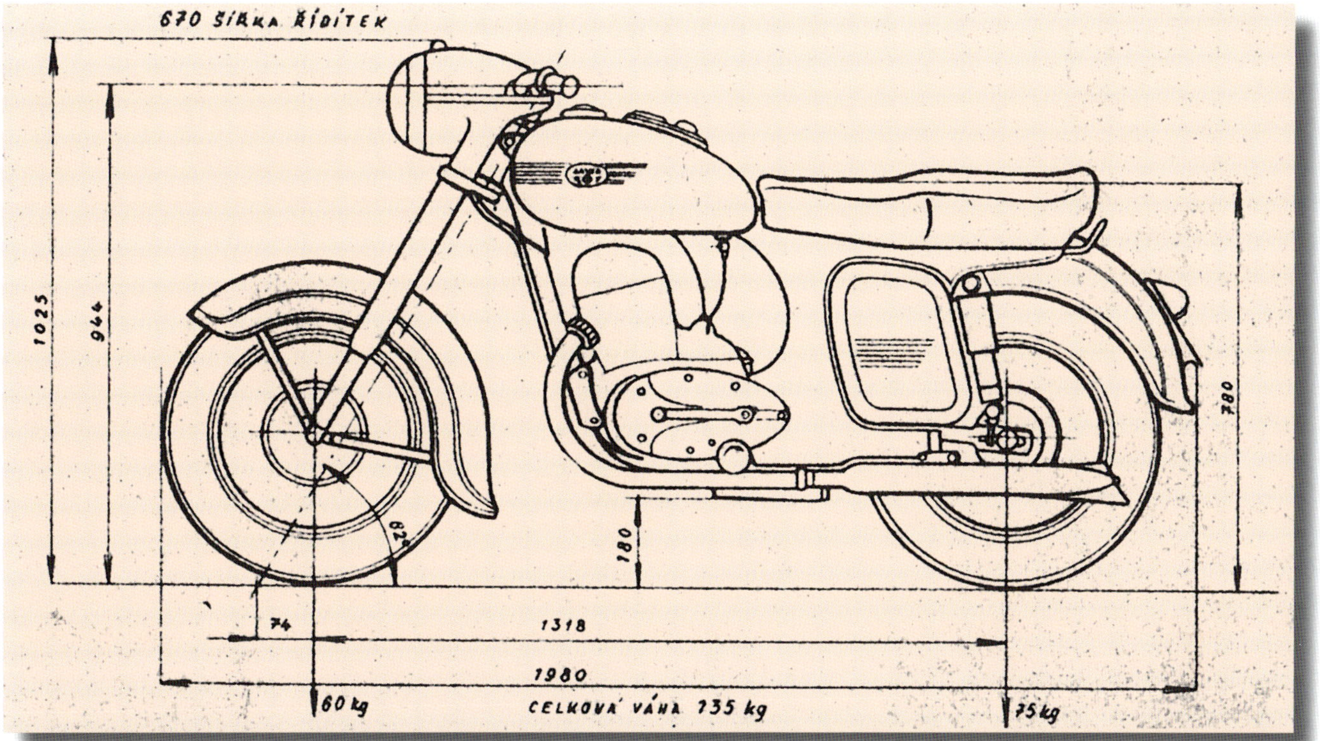

Die Hinterradschwinge, die moderne Telegabel und das 16-Zoll-Fahrwerk verliehen der neuen Jawa eine sportliche Note.

Jawa-CZ 125 / 150 (Typen 351, 352)

CZ hatte nach dem Zusammenschluss mit Jawa seine Eigenständigkeit verloren, was sich ab 1954 an den kleinen Modellen mit 125 und 150 cm³ Hubraum manifestierte. Der nur wenig veränderte Motor der letzten CZ-Modelle wurde nun in ein 16-Zoll-Fahrwerk mit Hinterradschwinge gesetzt. Der Rahmen bestand allerdings aus Rundrohr. Das Design mit Schutzblechen, Lampenverkleidung, Tank, durchgehender Sitzbank und verkleidetem Heckteil entsprach dem der Kyvacka-Modelle von Jawa. Da die kleinen Maschinen nun an deren Entwicklungsstufen gekoppelt wurden, blieben sie gerade mal für zwei Jahre auf dem Markt. Der Typ 352 war damit auch das letzte 150er Modell, das in der Tschechoslowakei gebaut wurde, bei Jawa hatte man sich für 175 cm³, die nächstgrößere Hubraumklasse, entschieden. Zweifellos ein guter Entschluss.

Fahrzeugtyp	Motorrad
Produktionszeit	1954/55
Motor	1-Zylinder-2-Takt
Steuerung	Umkehrspülung
Kühlung	Fahrtwind
Hubraum (cm³)	123,2 / 148
Bohrung/Hub (mm)	52/58 / 57/58
Leistung PS/1/min	5/4750 / 6/5000
Verdichtung :1	k. A.
Getriebe	3-Gang
Rahmen	Rohrrahmen
Federung vorn	Telegabel
Federung hinten	Schwinge
Reifen vorn	3.00-16
Reifen hinten	3.00-16
Bremse vorn	Trommel 125 mm
Bremse hinten	Trommel 125 mm
Leergewicht (kg)	105
Tankinhalt (Liter)	12
Höchstgeschw. (km/h)	75 / 85
Verbrauch (l/100 km)	3

Jawa 250 »Kyvacka« (Typen 353-03 und 353-04)

Im Zuge der Weiterentwicklung der »Schaukel«-Modelle von Jawa gab es von 1955 bis 1962 noch zwei neue Typenbezeichnungen bei den 250ern. Interessanterweise blieb dabei der Motor nahezu unverändert und leistete weiter seine 12 PS bei ruhigen 4750 Umdrehungen. International war das nun längst nicht mehr Spitze, aber Zuverlässigkeit und Robustheit waren im osteuropäischen Motorradbau stets wichtige Kriterien. Kennzeichnend für den Typ 253-03 war die Einführung von Vollnaben-Trommelbremsen mit 160 mm Durchmesser und 35 mm Backenbreite. Eine wesentliche Verbesserung gegenüber den alten Halbnaben-»Dosendeckeln« auch in Sachen Verkehrssicherheit. Die Modelle 353-04 fielen durch neue Schalldämpfer in Zigarrenform auf, die die jahrzehntelang benutzten Fischschwanz-Enden ablösten.

Fahrzeugtyp	Motorrad
Produktionszeit	1955–57 / 1957–62
Motor	1-Zylinder-2-Takt
Steuerung	Umkehrspülung
Kühlung	Fahrtwind
Hubraum (cm³)	248
Bohrung/Hub (mm)	58/65
Leistung PS/1/min	12/4750
Verdichtung :1	6,25
Getriebe	4-Gang
Rahmen	Stahlblech-Vierkant, geschweißt
Federung vorn	Telegabel
Federung hinten	Schwinge mit Federbeinen
Reifen vorn	3.25-16
Reifen hinten	3.25-16
Bremse vorn	Trommel 160 mm
Bremse hinten	Trommel 160 mm
Leergewicht (kg)	135
Tankinhalt (Liter)	13
Höchstgeschw. (km/h)	110
Verbrauch (l/100 km)	3,5

Die hier abgebildete Maschine ist eine 03er Version von 1955.

Das Modell 353-04, jetzt mit geänderter Sitzbank und Zigarrenauspuff.

Detailaufnahmen der Jawa 250 Typ 353-03.

Die schönste tägliche Zusammenkunft

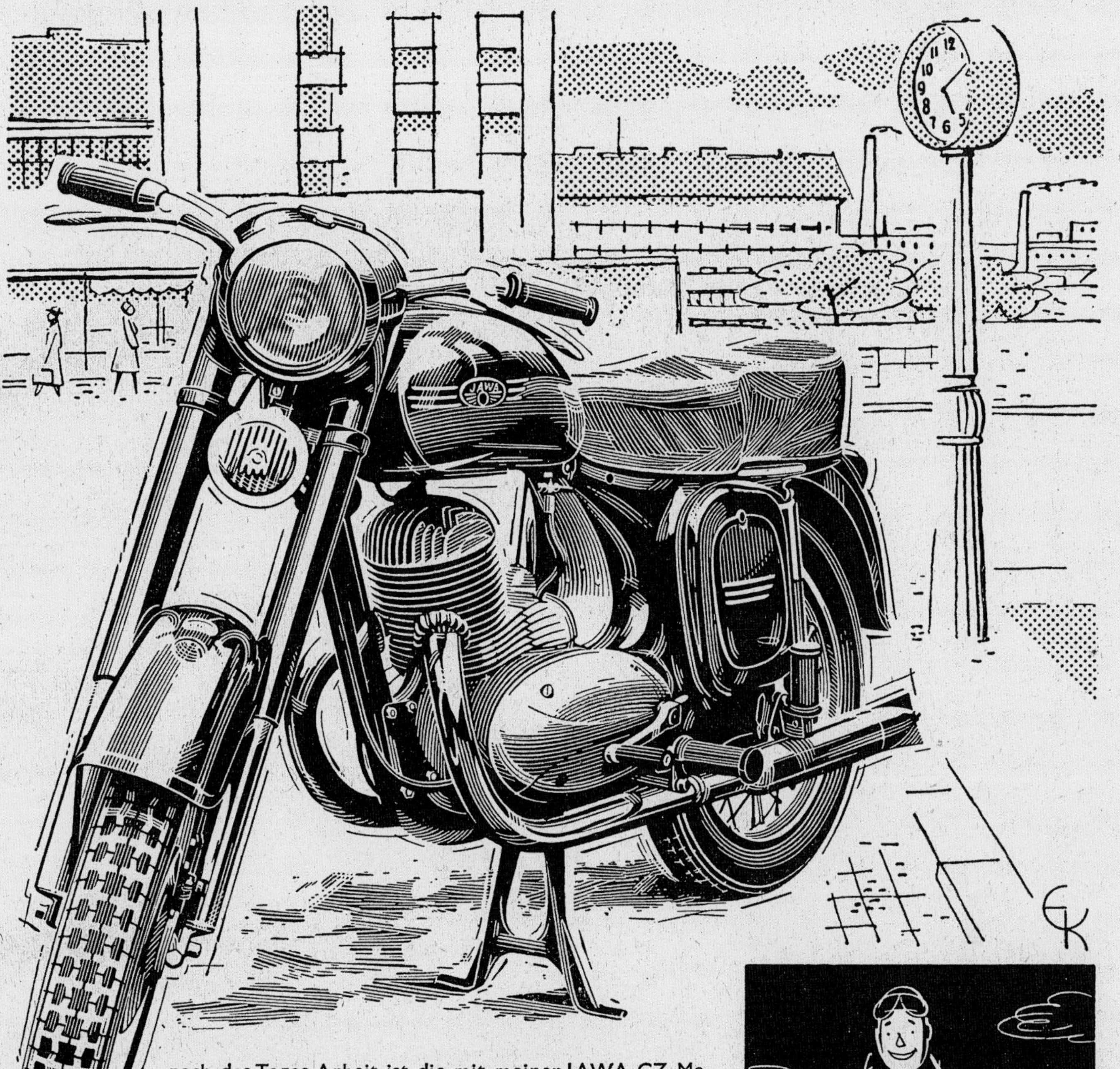

nach des Tages Arbeit ist die mit meiner JAWA-CZ-Maschine. Wie eine treue Gefährtin erwartet sie mich am Parkplatz, um mich rasch, verläßlich und bequem nach Hause zu bringen. Die JAWA-CZ ist stets betriebsbereit, erfordert nahezu keine Wartung und ist sehr bescheiden im Verbrauch. Sie vervielfacht meine Freizeit, verlängert mein Wochenende und macht mir das Leben angenehmer. Die gefällige Linienführung, die vollendete Straßenlage, die automatische Kupplungsbetätigung beim Gangwechsel und der kombinierte Hebel für Gangschaltung und Anlassen haben dieses Motorrad in der ganzen Welt beliebt gemacht.

Erproben auch Sie die JAWA-CZ und überzeugen Sie sich von ihren Vorzügen.

JAWA

MOTOKOV

Jawa 350 »Kyvacka« (Typen 354-03 und 354-04)

Wiederum gleichzeitig mit der 250er Jawa erhielt auch die Zweizylinder-Maschine ab 1955 neue Typenbezeichnungen und die entsprechenden Änderungen; zunächst die Vollnabenbremstrommeln und ab 1957 den neuen Endschalldämpfer in Zigarrenform. Die neuen Bremsen waren für die 350er umso wichtiger, als hier – im Gegensatz zur kleineren Schwester – die Motorleistung angehoben worden war. Unter anderem durch die Erhöhung des Drehzahlbereichs waren jetzt maximal 16 PS möglich. Die offiziell angegebene Höchstgeschwindigkeit blieb dabei unverändert bei 120 km/h. Manche Jawa-Publikationen geben auch nur 115 km/h an. Das ist im Übrigen ein Problem bei der Jawa-Forschung: Es gibt inzwischen viele Quellen zum Thema, aber mit zum Teil widersprüchlichen Aussagen und Fakten. Tatsache ist aber, dass die Weiterentwicklungen schrittweise eingeführt und neue und alte Technik manchmal parallel gefertigt wurden.

Fahrzeugtyp	Motorrad
Produktionszeit	1955–57 / 1957–65
Motor	2-Zylinder-2-Takt
Steuerung	Umkehrspülung
Kühlung	Fahrtwind
Hubraum (cm³)	344
Bohrung/Hub (mm)	58/65
Leistung PS/1/min	16/4750
Verdichtung :1	7,2
Getriebe	4-Gang
Rahmen	Stahlblech-Vierkant, geschweißt
Federung vorn	Telegabel
Federung hinten	Schwinge mit Federbeinen
Reifen vorn	3.25-16
Reifen hinten	3.25-16
Bremse vorn	Vollnaben-Trommel 160 mm
Bremse hinten	Vollnaben-Trommel 160 mm
Leergewicht (kg)	145
Tankinhalt (Liter)	13
Höchstgeschw. (km/h)	120
Verbrauch (l/100 km)	3,5

Die Jawa 350 als Typ 354-03 mit der alten Auspuffform und hochgepolsterter Sitzbank.

Die von 1963 bis 1965 gebaute Polizeiversion » Nanuk«.

Die Jawa 350 als Typ 354-04 mit neuer Sitzbank und Zigarrenauspuff. Das vordere Schutzblech stammt von einem späteren Modell.

16 PS leistete der Zweizylinder-Motor 1958; das war nicht übermäßig viel, aber der enorme Anzug setzte dem Fahrwerk ordentlich zu.

Typisch Jawa: Die Lampenverkleidung mit den herausragenden Lenkerenden. Das Zündschloss war erst ab dem 55er Modell vom Tank in den Lampentopf gewandert.→

20
40
60
80
100

Jawa-CZ 125 / 175 (Typen 355, 356)

Mit dem Modellwechsel war bei den kleineren Jawa-CZ-Motorrädern die 150er entfallen und durch eine 175er ersetzt worden. Dafür wurde praktisch ein Zylinder des 350er Twins, der aus 58 mm Bohrung und 65 mm Hub genau 171,7 cm³ Hubraum ergab, auf das Kurbelgehäuse gesetzt. Sogar die Leistung von 8 PS entsprach exakt der Hälfte des Zweizylinder-Triebwerks. Mit den 175 cm³ war man dem internationalen, vor allem dem westlichen Trend gefolgt; Jawa-Motorräder wurden inzwischen in über 100 Länder exportiert. Optisch und technisch lehnten sich die kleinen Zweitakter wie schon zuletzt an die Großen an, was sich vor allem in den Vollnaben-Trommelbremsen ausdrückte. Zum Ende der fünfziger Jahre hin erhielten die Maschinen dann auch den neuen Zigarren-Schalldämpfer. Die 125er konnte auf eine kleine Leistungssteigerung verweisen und beide Maschinen hatten jetzt ein Viergang-Getriebe.

Fahrzeugtyp	Motorrad
Produktionszeit	1956–1959
Motor	1-Zylinder-2-Takt
Steuerung	Umkehrspülung
Kühlung	Fahrtwind
Hubraum (cm³)	123,2 / 171,7
Bohrung/Hub (mm)	52/58 / 58/65
Leistung PS/1/min	5,6/4800 / 8/4800
Verdichtung :1	7
Getriebe	4-Gang
Rahmen	Rohrrahmen
Federung vorn	Telegabel
Federung hinten	Schwinge
Reifen vorn	3.00-16 / 3.25-16
Reifen hinten	3.00-16 / 3.25-16
Bremse vorn	Vollnaben-Trommel 140 mm
Bremse hinten	Vollnaben-Trommel 140 mm
Leergewicht (kg)	112 / 115
Tankinhalt (Liter)	13
Höchstgeschw. (km/h)	75 / 90
Verbrauch (l/100 km)	3 / 3,25

Die schönste tägliche Zusammenkunft

nach des Tages Arbeit ist die mit meiner JAWA-CZ-Maschine. Wie eine treue Gefährtin erwartet sie mich am Parkplatz, um mich rasch, verläßlich und bequem nach Hause zu bringen. Die JAWA-CZ ist stets betriebsbereit, erfordert nahezu keine Wartung und ist sehr bescheiden im Verbrauch. Sie vervielfacht meine Freizeit, verlängert mein Wochenende und macht mir das Leben angenehmer. Die gefällige Linienführung, die vollendete Straßenlage, die automatische Kupplungsbetätigung beim Gangwechsel und der kombinierte Hebel für Gangschaltung und Anlassen haben dieses Motorrad in der ganzen Welt beliebt gemacht.

Erproben auch Sie die JAWA-CZ und überzeugen Sie sich von Ihren Vorzügen.

JAWA

MOTOKOV

Jawa 250 / 250 Supersport (Typ 559-02)

Die Ablösung der beiden Jawa-»Kyvacka« im Jahre 1962 war äußerlich erst auf den zweiten Blick erkennbar. Das Scheinwerfergehäuse war jetzt bis zu den Lenkergriffen verlängert, was den Maschinen die Bezeichnung »Panel« eintrug. In diesem Panel war auch der neue Tacho und das Zünd- und Lenkerschloss integriert. Die hintere Verkleidung wurde noch ein wenig großflächiger, um einem größeren Ansauggeräuschdämpfer Platz zu bieten. Das Heck zierte eine neue Heckleuchte. Durch vielerlei Maßnahmen konnte die Motorleistung angehoben werden. So wurden die Steuerzeiten verändert, die Verdichtung erhöht und eben der Ansauggeräuschdämpfer vergrößert. Der Zylinder war jetzt stärker verrippt, hatte nur noch einen Auslass, der sich aber in zwei Auspuffrohre teilte. Eine für Exportzwecke entwickelte Supersport-Maschine mit Alu-Zylinder und speziellem Vergaser leistete sogar 17 PS. Das vordere Schutzblech war hier etwas knapper geschnitten.

Fahrzeugtyp	Motorrad
Produktionszeit	1962–1964
Motor	1-Zylinder-2-Takt
Steuerung	Umkehrspülung
Kühlung	Fahrtwind
Hubraum (cm^3)	248,5
Bohrung/Hub (mm)	65/75
Leistung PS/1/min	14/5000 / 17/5250
Verdichtung :1	7,7 / 8
Getriebe	4-Gang
Rahmen	Rohrrahmen
Federung vorn	Telegabel
Federung hinten	Schwinge mit Federbeinen
Reifen vorn	3.25-16
Reifen hinten	3.50-16
Bremse vorn	Trommel 160 mm
Bremse hinten	Trommel 160 mm
Leergewicht (kg)	129 / 128
Tankinhalt (Liter)	13,5
Höchstgeschw. (km/h)	110 / 125
Verbrauch (l/100 km)	k. A.

Ab 1962 waren die neuen Jawa-Modelle durch eine neue Lampenverkleidung, die bis zu den Griffen reichte und dem im Lampengehäuse befindlichen Halbrundtacho samt Zündschloss gekennzeichnet.

Jawa 350 / 350 Supersport (Typ 354-06)

In Design und Fahrwerk folgte das Zweizylinder-Modell wieder der 250er, von der Seite betrachtet konnten nur Kenner die verschiedenen Modelle unterscheiden. Während der Ansauggeräuschdämpfer hier von der Vorgängerin übernommen worden war, sorgten eine höhere Verdichtung und ein neuer Jikov-Flansch-Vergaser für mehr Leistung. Um das leidige Problem von Klemmern künftig zu vermeiden, waren die Kolben jetzt aus einer Leichtmetalllegierung gefertigt. Im Gegensatz zum kleineren Schwestermodell wies die 350er keinen Startvergaser auf. Auch von dieser Maschine gab es ein Supersportmodell mit 20 PS und nur einem Alu-Zylinder, das ausschließlich für Exportkunden gedacht war. Speziell für diese waren, abweichend vom klassischen Jawa-Rot, auch unterschiedliche Farbgebungen bis hin zu Zweifarb-Lackierungen möglich.

Fahrzeugtyp	Motorrad
Produktionszeit	1962–1964
Motor	2-Zylinder-2-Takt / 1-Zylinder-2-Takt
Steuerung	Umkehrspülung
Kühlung	Fahrtwind
Hubraum (cm³)	344 / 340,2
Bohrung/Hub (mm)	58/65 / 76/75
Leistung PS/1/min	18/5000 / 20/5000
Verdichtung :1	8
Getriebe	4-Gang
Rahmen	Rohrrahmen
Federung vorn	Telegabel
Federung hinten	Schwinge mit Federbeinen
Reifen vorn	3.25-16
Reifen hinten	3.50-16
Bremse vorn	Trommel 160 mm
Bremse hinten	Trommel 160 mm
Leergewicht (kg)	139 / 130
Tankinhalt (Liter)	13,5
Höchstgeschw. (km/h)	120 / 130
Verbrauch (l/100 km)	k. A.

Ab dem Modelljahrgang 1963 rückte das Zündschloss vor den Tacho.

Jawa 250 / 350 Automatic (Typen 559-05, 360/01)

Ab 1963/64 stellte Jawa seine beiden Baureihen 250 und 350 cm³ mit dem »Panel«-Lenker mit neuen Typenbezeichnungen vor, wobei die Standardausführungen nahezu unverändert blieben. Neu ins Programm kamen die Automatic-Modelle, bei denen mittels Fliehkraftkupplung ohne Betätigung des Handkupplungshebels angefahren und angehalten werden konnte. Für sportlich orientierte Fahrer eine eher uninteressante Angelegenheit, die die seit Jahren bei Jawa eingesetzte Kupplungshilfe mittels Schalthebel (früher ebenfalls »Automatic« genannt) nicht berührte. Die jetzigen Automatic-Maschinen waren an der zylindrischen Ausbuchtung des linken Gehäusedeckels hinter dem Fußschalthebel zu erkennen. Ansonsten gab es für alle Maschinen ab 1964 neue Teleskopgabeln mit verbesserter Dämpfungswirkung und diverse kleine technische Detailverbesserungen etwa an Kupplung und Hinterradantrieb.

Fahrzeugtyp	Motorrad
Produktionszeit	1963–71 / 1964–71
Motor	1-Zylinder-2-Takt / 2-Zylinder-2-Takt
Steuerung	Umkehrspülung
Kühlung	Fahrtwind
Hubraum (cm³)	248,5 / 344
Bohrung/Hub (mm)	65/75 / 58/65
Leistung PS/1/min	14/5000 / 18/4750
Verdichtung :1	7,7 / k. A.
Getriebe	4-Gang
Rahmen	Rohrrahmen
Federung vorn	Telegabel
Federung hinten	Schwinge mit Federbeinen
Reifen vorn	3.25-16
Reifen hinten	3.50-16
Bremse vorn	Trommel 160 mm
Bremse hinten	Trommel 160 mm
Leergewicht (kg)	132 / 140
Tankinhalt (Liter)	13,5
Höchstgeschw. (km/h)	105 / 120
Verbrauch (l/100 km)	k. A.

Jawa 250 / 350 Sport (Typen 590, 361)

Ende 1964 nahm Jawa die wenig geliebten Supersportmaschinen aus dem Programm und ersetzte sie durch Modelle mit der einfachen Bezeichnung »Sport«. Analog zu den CZ-Sporttypen fuhren die Jawas auf 19-Zoll-Rädern, wobei das vordere von einem nur knappen Schutzblech bedeckt wurde, und es gab einen Sportlenker mit Querstrebe. Die 250er wurde nun mit 15 statt wie bisher 14 PS angegeben. Mit schicken Zweifarb-Lackierungen und viel Chrom waren diese Maschinen vor allem für den Export gedacht. Heute gehören sie zu den am meisten gefragten Jawa-Modellen aus den 1960er Jahren und Umbauten sind keine Seltenheit.

Fahrzeugtyp	Motorrad
Produktionszeit	1965–1969
Motor	1-Zylinder-2-Takt / 2-Zylinder-2-Takt
Steuerung	Umkehrspülung
Kühlung	Fahrtwind
Hubraum (cm³)	248,5 / 344
Bohrung/Hub (mm)	65/75 / 58/65
Leistung PS/1/min	15/5000 / 18/4750
Verdichtung :1	k. A. / k. A.
Getriebe	4-Gang
Rahmen	Rohrrahmen
Federung vorn	Telegabel
Federung hinten	Schwinge mit Federbeinen
Reifen vorn	19″
Reifen hinten	19″
Bremse vorn	Trommel 160 mm
Bremse hinten	Trommel 160 mm
Leergewicht (kg)	128 / 145
Tankinhalt (Liter)	13,5
Höchstgeschw. (km/h)	116 / 120
Verbrauch (l/100 km)	k. A.

Jawa 250 Sahara

In der zweiten Hälfte der 1960er Jahre exportierte Jawa seine Motorräder bereits in weit über 100 Länder. Von Finnland bis in die USA gingen die Motorräder in den verschiedensten Ausführungen bis hin zu Militär- und Behördenfahrzeugen. Auch Motoren wurden geliefert oder in Lizenz gefertigt. In der DDR war eine 350er Jawa der absolute Traum eines jeden Motorradfahrers, und das obwohl die Maschinen sich seit 12 Jahren optisch kaum verändert hatten und inzwischen ein wenig altbacken wirkten, vor allem in Ländern, in denen sportliche Motorräder aus Fernost auf dem Vormarsch waren. Ehe die Prager hier mit Neukonstruktionen Paroli bieten konnten, mussten die »alten« Maschinen noch einmal aufgepäppelt werden. Sei es als Sportmodelle, wie oben beschrieben, oder wie im Fall des Typs 559-04 mit einer sandfarbenen Lackierung und dem Sportlenker mit Querstrebe als Modell »Sahara«.

Fahrzeugtyp	Motorrad
Produktionszeit	1964–1969
Motor	1-Zylinder-2-Takt
Steuerung	Umkehrspülung
Kühlung	Fahrtwind
Hubraum (cm³)	248,5
Bohrung/Hub (mm)	65/75
Leistung PS/1/min	14/4750
Verdichtung :1	7,7
Getriebe	4-Gang
Rahmen	Rohrrahmen
Federung vorn	Telegabel
Federung hinten	Schwinge mit Federbeinen
Reifen vorn	3.25-16
Reifen hinten	3.50-16
Bremse vorn	Trommel 160 mm
Bremse hinten	Trommel 160 mm
Leergewicht (kg)	128
Tankinhalt (Liter)	13,5
Höchstgeschw. (km/h)	105
Verbrauch (l/100 km)	k. A.

Jawa 250 / 350 Californian I, II

Mit den Typen 590/04 (250 cm^3) und 360/04 (350 cm^3) versuchte Jawa alten Wein in neuen Schläuchen vor allem auf westlichen Exportmärkten zu verkaufen. Die Japaner machten es vor, wie moderne, freizeitgerechte Zweitakt-Motorräder auszusehen hatten, da waren dicke Blechverkleidungen eben nicht mehr gefragt. Schon gar nicht in den USA, wo viel Leistung und wenig Drumherum (Chopper!) für eine gute Nachfrage sorgten. So waren denn die ersten Maschinen mit der Bezeichnung »Californian« auch in erster Linie für den US-Markt gedacht. Hier wurde sowohl auf die Batteriezündung (dafür Magnetzündung) wie auch auf einen Ansauggeräuschdämpfer verzichtet, auf unnötiges Blech sowieso. Die Typen I hatten zum Teil noch den alten Jawa-Tank, das alte Rücklicht und gerade verlaufende Auspuffrohre. Ein fließender Übergang zu Typ II brachte hier neue Teile und leicht hochgezogene Schalldämpfer.

Fahrzeugtyp	Motorrad
Produktionszeit	1966
Motor	1-Zylinder-2-Takt / 2-Zylinder-2-Takt
Steuerung	Umkehrspülung
Kühlung	Fahrtwind
Hubraum (cm³)	248,5 / 344
Bohrung/Hub (mm)	65/75 / 58/65
Leistung PS/1/min	15/5000 / 18/4750
Verdichtung :1	k. A. / k. A.
Getriebe	4-Gang
Rahmen	Rohrrahmen
Federung vorn	Telegabel
Federung hinten	Schwinge mit Federbeinen
Reifen vorn	19″
Reifen hinten	19″
Bremse vorn	Trommel 160 mm
Bremse hinten	Trommel 160 mm
Leergewicht (kg)	k. A.
Tankinhalt (Liter)	15
Höchstgeschw. (km/h)	116 / 120
Verbrauch (l/100 km)	k. A.

Jawa 90 Roadster (Typen 31, 37)

Das kam schon überraschend, als der Hersteller Jawa, der seit Jahren in der Entwicklung seiner Zweitaktmotoren stagnierte, 1967 mit der Serienproduktion völlig neuer 90-cm³-Leichtmotorräder begann. Ein fast 10 PS starker Einzylinder-Zweitaktmotor mit Drehschiebereinlass und Fünfganggetriebe – die Maschine konnte es mit einer 125er CZ aufnehmen – das hatte schon etwas. Dazu die sportliche Optik mit dem Rückgrat-Rohrrahmen ohne Unterzug und dem 18-Zoll-Fahrwerk – so etwas wünschten sich junge Motorradfahrer nicht nur in der Tschechoslowakei. Gedacht waren diese Maschinen aber vorrangig für den Exportmarkt, und hier insbesondere für die USA. In Deutschland vertrieb der Handelskonzern Neckermann (später Quelle) die kleinen Motorräder mit einem gefälligeren Tank. Kleinere Überarbeitungen des Roadster-Modells bis 1973 (z. B. gefächerte Kühlrippen am Zylinderkopf) führten zu einer geänderten Typenbezeichnung.

Fahrzeugtyp	Leichtmotorrad
Produktionszeit	1967–1973
Motor	1-Zylinder-2-Takt
Steuerung	Drehschieber-Einlass
Kühlung	Fahrtwind
Hubraum (cm³)	88,7
Bohrung/Hub (mm)	48/49
Leistung PS/1/min	9,5–10,5/6000–6500
Verdichtung :1	8,5
Getriebe	5-Gang
Rahmen	Rückgrat-Rohrrahmen
Federung vorn	Telegabel
Federung hinten	Schwinge mit Federbeinen
Reifen vorn	2.75-18
Reifen hinten	2.75-18
Bremse vorn	Trommel 125 mm
Bremse hinten	Trommel 125 mm
Leergewicht (kg)	76
Tankinhalt (Liter)	10,5
Höchstgeschw. (km/h)	100
Verbrauch (l/100 km)	k. A.

Die Jawa 90 Roadster in ihrer ersten Ausführung von 1967.

In der Weiterentwicklung erhielt die Roadster unter anderem einen neuen Tank, eine neue Sitzbank und Lenkerblinkleuchten für den Export.

Jawa 90 Cross / Trail (Typen 30/36)

Lenker (mit Querstrebe), Auspuff und vorderes Schutzblech hoch, dazu Stollen auf die Reifen – schon ist aus der Jawa 90 Roadster eine Straßenenduro geworden, die sich »Cross« nannte und mit der die Jungs mächtig viel Eindruck schinden konnten. Jedenfalls im westlichen Ausland, wo die Maschinen zu Spottpreisen angeboten wurden. Und mit dem vorderen Schutzblech wieder in Normalposition, aber jetzt verchromt (wie auch das hintere) wurde aus dem Cross-Modell die Jawa »Trail« (im Bild). Schicke Maschinen mit einem modernen Motor mit Leichtmetallzylinder, die anfänglich gute Verkaufszahlen aufwiesen, in den 1970er Jahren jedoch kaum noch gefragt waren. Obwohl noch von einigen Marken angeboten, sah die 100-cm³-Klasse ihrem Ende entgegen. Jawa wollte oder konnte die größeren Hubraumklassen nicht mit einem ähnlichen Konzept ausrüsten. 1973 endete die Ära der 90er bei Jawa.

Fahrzeugtyp	Straßenenduro
Produktionszeit	1967–1973
Motor	1-Zylinder-2-Takt
Steuerung	Drehschieber-Einlass
Kühlung	Fahrtwind
Hubraum (cm³)	88,7
Bohrung/Hub (mm)	48/49
Leistung PS/1/min	9,5–10,5/6000–6500
Verdichtung :1	8,5
Getriebe	5-Gang
Rahmen	Rückgrat-Rohrrahmen
Federung vorn	Telegabel
Federung hinten	Schwinge mit Federbeinen
Reifen vorn	2.75-18
Reifen hinten	2.75-18
Bremse vorn	Trommel 125 mm
Bremse hinten	Trommel 125 mm
Leergewicht (kg)	76
Tankinhalt (Liter)	10,5
Höchstgeschw. (km/h)	100
Verbrauch (l/100 km)	k. A.

JAWA
trail
80

Jawa 250 / 350 Californian III

Schon 1968 wurde eine nachgebesserte Californian auf den Exportmarkt geschoben, da man in Prag einsehen musste, dass zuviel Purismus der Figur schadet. Die neue Luftfilterverkleidung unter dem Vorderteil der Sitzbank veränderte dagegen das Gesamterscheinungsbild der Jawa deutlich zu ihren Gunsten. Ansonsten gab es kaum etwas Neues bei den Schwestermodellen, sieht man von der Zurückstellung der gerade erst eingeführten Magnetzündung wieder auf Batteriezündung ab. Die beiden Jawa-Modelle waren meistens schwarz-rot lackiert und viel blinkendes Metall war für die Exportkundschaft obligatorisch. Trotz aller Maßnahmen ging bei Jawa der Export in westliche Länder zurück, während der Ostblock (die Sowjetunion allein nahm jährlich rund 50.000 Maschinen ab) und die Entwicklungsländer weiterhin stabile Partner blieben. In der DDR waren Motorradimporte leider schon seit 1966 nicht mehr vorgesehen.

Fahrzeugtyp	Motorrad
Produktionszeit	1968–73 / 1968/69
Motor	1-Zylinder-2-Takt / 2-Zylinder-2-Takt
Steuerung	Umkehrspülung
Kühlung	Fahrtwind
Hubraum (cm^3)	248,5 / 344
Bohrung/Hub (mm)	65/75 / 58/65
Leistung PS/1/min	15/5000 / 18/4750
Verdichtung :1	7,8 / 8
Getriebe	4-Gang
Rahmen	Rohrrahmen
Federung vorn	Telegabel
Federung hinten	Schwinge mit Federbeinen
Reifen vorn	3.00-19
Reifen hinten	3.25-19
Bremse vorn	Trommel 160 mm
Bremse hinten	Trommel 160 mm
Leergewicht (kg)	128 / 139
Tankinhalt (Liter)	15
Höchstgeschw. (km/h)	116 / 126
Verbrauch (l/100 km)	k. A.

Die Jawa 350 Californian, mit der internen Typenbezeichnung 362-09 in der Polizei-Ausführung. (Foto: Jan Polák © CC BY-SA 3.0)

Jawa 350 Californian IV Oilmaster

Schon 1969 reichte Jawa parallel zur normalen 350er Californian IV ein Modell mit Frischöl-Getrenntschmierung nach. Hierzu war ein 2-Liter-Öl-behälter in die Seitenverkleidung integriert worden und eine von der Kurbelwelle angetriebene Pumpe (siehe Ausbuchtung am Seitendeckel) förderte drehzahl- und lastabhängig Zweitaktöl zum Ansaugkanal. Das machte den Motor standfester, man konnte ihn höher drehen lassen und verdichten und so die Leistung erhöhen. Das war für den Export auch dringend notwendig, denn das inzwischen in die Jahre gekommene Jawa-Triebwerk konnte mit 350er Zweizylinder-Zweitaktern aus Fernost, die weit über 30 oder sogar 40 PS leisteten, längst nicht mehr mithalten. So war die Oilmaster, die anfänglich 23, später 25,5 PS leistete, speziell für den US-Markt gebaut worden, wurde aber auch in der Bundesrepublik (2490 D-Mark, 1972) angeboten. Gegenüber den anderen Modellen fuhren die Oilmaster auf breiteren 18-Zoll-Rädern.

Fahrzeugtyp	Motorrad
Produktionszeit	1969–1974
Motor	2-Zylinder-2-Takt
Steuerung	Umkehrspülung
Kühlung	Fahrtwind
Hubraum (cm³)	344
Bohrung/Hub (mm)	58/65
Leistung PS/1/min	23/5000–25,5/5250
Verdichtung :1	9,2-10
Getriebe	4-Gang
Rahmen	Rohrrahmen
Federung vorn	Telegabel
Federung hinten	Schwinge mit Federbeinen
Reifen vorn	3.25-18
Reifen hinten	3.50-18
Bremse vorn	Trommel 160 mm
Bremse hinten	Trommel 160 mm
Leergewicht (kg)	144,5
Tankinhalt (Liter)	15,2
Höchstgeschw. (km/h)	135
Verbrauch (l/100 km)	k. A.

JAWA

Jawa 250 (Typ 592)

Fahrzeugtyp	Motorrad
Produktionszeit	1969–1974
Motor	1-Zylinder-2-Takt
Steuerung	Umkehrspülung
Kühlung	Fahrtwind
Hubraum (cm³)	248,5
Bohrung/Hub (mm)	65/75
Leistung PS/1/min	15/4750
Verdichtung :1	7,7
Getriebe	4-Gang
Rahmen	Rohrrahmen
Federung vorn	Telegabel
Federung hinten	Schwinge mit Federbeinen
Reifen vorn	3.25-16
Reifen hinten	3.50-16
Bremse vorn	Trommel 160 mm
Bremse hinten	Trommel 160 mm
Leergewicht (kg)	128
Tankinhalt (Liter)	15
Höchstgeschw. (km/h)	116
Verbrauch (l/100 km)	3,3

Schon 1967 hatte Jawa auf inländischen Messen völlig neu konstruierte Motorräder mit u. a. starrer Scheinwerfer-Tank-Linie (à la MZ ES), üppiger Heckverkleidung, Doppelrohr-Wiegerahmen und neuen 18-Zoll-Fahrwerken vorgestellt. Auch neue Zweitakt-Triebwerke wurden entwickelt, 250er und 350er waren jetzt beide Zweizylinder mit vielen identischen Teilen. Aber diese Maschinen fielen zum einen beim Publikum durch, zum anderen gab die staatliche Planwirtschaft kein grünes Licht für die Serieneinführung. Die alten Modelle mussten vorerst weitergefertigt werden – die Geburtsstunde

Das kannte man nicht nur aus der sozialistischen Planwirtschaft: Teile der barocken Jawa-Modelle, gemischt mit Anbauteilen der Californian-Typen ergaben eine billige 250er für den Inlandsbedarf.

der Californian-Typen. Und die Geburtsstunde des Typs 592! Als Brot-und-Butter-Motorrad wurde die gute alte 250er »Panel« mit Hilfe des Tanks, des Rücklichts und der elektrischen Anlage samt Blinkern der Californian-Reihe »modernisiert« und als »neue« Jawa 250 noch bis 1974 im In- und Ausland verkauft.

Jawa 250 / 350 »Bison«

Die 1967 vorgestellten, aber nicht in Produktion gegangenen neu konstruierten Motorräder mit Doppelrohr-Wiegerahmen, 18-Zoll-Fahrwerken und neuen Zweitakt-Zweizylinder-Triebwerken kamen in überarbeiteter und optisch »entschärfter« Form ab 1970 doch noch auf den Markt, allerdings nur auf den inländischen und auch nur in geringen Stückzahlen. Jawa produzierte 1970 rund 85.000 Motorräder, davon gut 20.000 Californian-Modelle und nur knapp 4000 Stück der neuen Bison-Reihe. An ein solches Tier erinnerte die Maschine in der Seitenansicht mit dem kantigen »Büffeltank« und der Lampenverkleidung tatsächlich. Die neuen, auf Zuverlässigkeit getrimmten Zweizylinder-Motoren konnten mit oder ohne Frischöl-Getrenntschmierung geliefert werden. Ungewöhnlich war die Befestigung der tief heruntergezogenen Lenkerenden an den kurzen Telegabelholmen. Alles in allem ein unkonventionelles, aber auch wenig erfolgreiches Motorrad.

Fahrzeugtyp	Motorrad
Produktionszeit	1970–1972
Motor	2-Zylinder-2-Takt
Steuerung	Umkehrspülung
Kühlung	Fahrtwind
Hubraum (cm³)	246 / 343
Bohrung/Hub (mm)	52/58 / 58/65
Leistung PS/1/min	16/5250 / 22/5000
Verdichtung :1	9,5
Getriebe	4-Gang
Rahmen	Blechprofilrahmen
Federung vorn	Telegabel
Federung hinten	Schwinge mit Federbeinen
Reifen vorn	18″
Reifen hinten	18″
Bremse vorn	Trommel 160 mm
Bremse hinten	Trommel 160 mm
Leergewicht (kg)	166 / 167
Tankinhalt (Liter)	16
Höchstgeschw. (km/h)	120 / 128
Verbrauch (l/100 km)	3,5 / 4

Jawa 350 (Typ 634)

Fahrzeugtyp	Motorrad
Produktionszeit	1973–1984
Motor	2-Zylinder-2-Takt
Steuerung	Umkehrspülung
Kühlung	Fahrtwind
Hubraum (cm³)	343
Bohrung/Hub (mm)	58/65
Leistung PS/1/min	19–26/5250
Verdichtung :1	9,2
Getriebe	4-Gang
Rahmen	Doppelschleifen-Rohrrahmen
Federung vorn	Telegabel
Federung hinten	Schwinge mit Federbeinen
Reifen vorn	3.25-18
Reifen hinten	3.50-18
Bremse vorn	Trommel 160 mm
Bremse hinten	Trommel 160 mm
Leergewicht (kg)	155–167
Tankinhalt (Liter)	16
Höchstgeschw. (km/h)	128–135
Verbrauch (l/100 km)	4

Dass die Zeit der großen tschechoslowakischen Motorrad-Innovationen vorbei war, zeigte auch die neue Jawa 350, die 1973 vorgestellt wurde. Dabei wies diese Maschine mit Doppelschleifen-Rohrrahmen, stabiler Hinterradschwinge (für Seitenwagenbetrieb) und zeitgemäßem Design durchaus moderne Attribute auf. Der Motor wurde aber nur geringfügig überarbeitet und leistete jetzt 26 PS. Gleiches galt für das Getriebe mit immer noch nur vier Gangstufen. Ein Brot- und Butter-Motorrad also, zuverlässig und robust – mehr aber auch nicht. Zahlreiche Typenzusätze unterschieden bis 1984 verschiedene Export- und Luxusvarianten, aber auch Weiterentwicklungen. Das schwarz/weiß Foto zeigt das Modell 634-5 von 1975, die Farbbilder die 634-8 ab 1977.

(Foto: Roman Švehla, © CC-BY-SA-40)

(Foto: Patrik Veltruský, © CC-BY-20)

(Foto: Khodyeyev, © PD)

Jawa 638 / 638 TS

Mit der Vorstellung des Typs 638 sprach Jawa tatsächlich von einem neuen Modell und stellte sich damit selbst ein Armutszeugnis aus, zu dem die Ingenieure allerdings durch die sozialistische Planwirtschaft gezwungen worden waren. Der alte Perak-Motor hatte jetzt einen Leichtmetallzylinder mit Graugussbüchsen erhalten und die Blechanbauteile ein neues Streifen-Design. Die Telegabel war ein wenig verbessert und eine 12-Volt-Elektrik eingeführt worden. Das war es auch schon fürs Erste. Mit der Zusatzbezeichnung TS kam die Maschine dann 1986 mit einem neuen Rahmen und neuen Anbauteilen auf den Markt. In zahlreichen Varianten z. B. mit vorderer Scheibenbremse oder als reine Gespannmaschine, die für den Solobetrieb nicht zugelassen war, blieb dieses Motorrad bis 1991 im Jawa-Programm. Bis zum Schluss übrigens mit Viergang-Getriebe – für diesen Motor völlig ausreichend.

Fahrzeugtyp	Motorrad
Produktionszeit	1984–86 / 1986–91
Motor	2-Zylinder-2-Takt
Steuerung	Umkehrspülung
Kühlung	Fahrtwind
Hubraum (cm³)	344
Bohrung/Hub (mm)	58/65
Leistung PS/1/min	26/5250 / 27/5500
Verdichtung :1	10,2
Getriebe	4-Gang
Rahmen	Rohrrahmen / Doppelrohrrahmen
Federung vorn	Telegabel
Federung hinten	Schwinge mit Federbeinen
Reifen vorn	3.25-18
Reifen hinten	3.50-18
Bremse vorn	Trommel 160 mm
Bremse hinten	Trommel 160 mm
Leergewicht (kg)	156
Tankinhalt (Liter)	13 / 17
Höchstgeschw. (km/h)	128
Verbrauch (l/100 km)	4,2

Eine Jawa 638 TS mit Velorex-Seitenwagen. (Foto: Nightflyer © CC BY-SA 4.0)

Jawa 500 R (Typ 506)

1983 stellte Jawa schon einmal eine Viertaktmaschine mit Boxer-Motor vor, die sehr nach BMW aussah, und stellte in Aussicht, die Fertigung der Zweitaktmodelle in absehbarer Zeit einzustellen. Aus dem Boxerprojekt wurde nichts, die Zweitakter wurden weitergebaut und Jawa entschloss sich, den einfacheren Weg mit einem Einbaumotor von Rotax zu gehen, schließlich hatte man hier schon Erfahrung mit den Enduro-Modellen gesammelt. Die tschechischen Ingenieure bereiteten das Fahrgestell des Modells 638 für den Einbau des österreichischen Motors vor, montiert wurden die Maschinen dann im englischen Norfolk bei Skoda Great Britain Ltd. Ein echtes europäisches Motorrad also, das in erster Linie für den Export in den Westen des Kontinents gedacht war, vor allem in die Bundesrepublik, wofür der Motor bei steuerfreundlichen 27 PS belassen wurde. Anfangs nur mit Trommelbremsen ausgerüstet, war später auch eine Brembo-Bremsscheibe fürs Vorderrad erhältlich und die Speichenfelgen konnten gegen Gussräder getauscht werden.

Fahrzeugtyp	Motorrad
Produktionszeit	1985–1987
Motor	1-Zylinder-4-Takt
Steuerung	ohc
Kühlung	Fahrtwind
Hubraum (cm³)	494
Bohrung/Hub (mm)	89/79,4
Leistung PS/1/min	27/6250
Verdichtung :1	9,2
Getriebe	5-Gang
Rahmen	Doppelrohrrahmen
Federung vorn	Telegabel
Federung hinten	Schwinge mit Federbeinen
Reifen vorn	3.25-18
Reifen hinten	3.50-18
Bremse vorn	Trommel 160 mm / Scheibe 280 mm
Bremse hinten	Trommel 160 mm
Leergewicht (kg)	170
Tankinhalt (Liter)	17
Höchstgeschw. (km/h)	140
Verbrauch (l/100 km)	k. A.

Die Fünfziger von Jawa

Die Idee war nicht neu, aber es war der Stuttgarter Industrielle Alfred Kreidler, der 50-cm³-Motoren im Zweiradbau etablierte. Nach dem Zweiten Weltkrieg nahmen dutzende Hersteller in Deutschland wieder die Fertigung von Motorfahrrädern mit 98-cm³-Zweitaktern auf, die bis in die ersten Kriegsjahre hinein für eine riesige Nachfrage gesorgt hatten. Warum also diese Fahrzeuge nicht ein wenig abspecken und von einem kleineren Motor antreiben lassen, fragte sich Kreidler und initiierte zu Beginn der 1950er Jahre nacheinander gleich drei neue Fahrzeugklassen: Mokicks, Mopeds und Kleinkrafträder. Allesamt auf 49-cm³-Zweitaktmotoren basierend.

Und so fragte man sich dann auch bei Jawa, wo das erfolgreiche Motorfahrrad »Robot« eine Fortsetzung finden sollte, ob es nicht sinnvoll wäre, ein Kleinfahrzeug mit 50 Kubik zu entwickeln. Entwicklungsleiter Josef Jozif und seine Leute begannen also 1954 in Prag mit der Entwicklung eines Mokicks, übergaben diese aber schon im Jahr darauf ins slowakische Provažska-Bystcika, wo seit 1948 Leichtkrafträder und später Motorroller unter dem Markennamen »Manet« entstanden. In der sozialistischen Planwirtschaft erhielt das Werk die Aufgabe, das Jawa-Mokick zur Serienreife zu entwickeln und schließlich auch zu bauen. Noch im Jahr 1955 liefen die ersten Jawa-Mokicks hier vom Band.

Jawa »Pionyr« (Typ 550)

Auf den ab 1953 in Westeuropa abdampfenden Moped-Zug waren die Tschechen nicht sofort aufgesprungen, sie präsentierten im Gegenteil 1955 ein 50-cm³-Fahrzeug, das seinesgleichen suchte. Mit liegendem Zweitaktmotor und fußgeschaltetem Dreigang-Getriebe, Telegabel, Kickstarter, üppiger Verkleidung und rund gebogener Zweiarm-Hinterradschwinge, die durch eine Zentralfeder mit dem Sitzteil des Rahmens verbunden war, dazu die 16-Zoll-Räder und der einzelne Hockersitz – das hatte man so noch nicht gesehen. Und der Anblick war auch gewöhnungsbedürftig. Dennoch war das Mokick, dessen Lampenverkleidung an die großen Jawa-Motorräder erinnerte, in der Tschechoslowakei sehr beliebt. Entwickelt hatten es die Jawa-Ingenieure in Prag, die Serienfertigung wurde aber ins Manet-Werk nach Považska Bystcica verlegt. Rund 100.000 Fahrzeuge sind bis 1958 zusammengebaut worden.

Fahrzeugtyp	Mokick
Produktionszeit	1955–1958
Motor	1-Zylinder-2-Takt
Steuerung	Umkehrspülung
Kühlung	Fahrtwind
Hubraum (cm³)	49,8
Bohrung/Hub (mm)	38/44
Leistung PS/1/min	1,6/5000
Verdichtung :1	6,6
Getriebe	3-Gang
Rahmen	Vierkant-Profil
Federung vorn	Telegabel
Federung hinten	Schwinge mit Zentralfeder
Reifen vorn	2.50-16
Reifen hinten	2.50-16
Bremse vorn	Innenbacken 100 mm
Bremse hinten	Innenbacken 100 mm
Leergewicht (kg)	54
Tankinhalt (Liter)	3,5
Höchstgeschw. (km/h)	45
Verbrauch (l/100 km)	1,5

Jawa 50 (Typ 555)

Das doch etwas skurrile Aussehen der Jawa »Pionyr« entschärften die Tschechen bei dem Ende 1958 erschienenen Nachfolgetyp 555. Der großzügig geschwungene Vorderrad-Kotflügel und die bis hinter das Hinterrad verlängerte Blechverkleidung

Fahrzeugtyp	Mokick
Produktionszeit	1958–1963
Motor	1-Zylinder-2-Takt
Steuerung	Umkehrspülung
Kühlung	Fahrtwind
Hubraum (cm³)	49,8
Bohrung/Hub (mm)	38/44
Leistung PS/1/min	2,2/5000
Verdichtung :1	6,6
Getriebe	3-Gang
Rahmen	Vierkant-Profil
Federung vorn	Telegabel
Federung hinten	Schwinge mit Zentralfeder
Reifen vorn	2.50-16
Reifen hinten	2.50-16
Bremse vorn	Vollnaben-Trommel 125 mm
Bremse hinten	Vollnaben-Trommel 125 mm
Leergewicht (kg)	58
Tankinhalt (Liter)	3,5
Höchstgeschw. (km/h)	60
Verbrauch (l/100 km)	1,8

Die Jawa 50 Typ 555 war ein- oder zweisitzig lieferbar.

gaben der Maschine ein wesentlich harmonischeres Aussehen. Insgesamt erinnerte das Fahrzeug mit dem verkleideten Durchstieg sehr an einen Kleinroller, der sich daraus später auch entwickeln sollte. Über die Motorleistung des Typ 555 gibt es sehr unterschiedliche Angaben. Vermutlich wurden die ersten Modelle noch mit den 1,6 PS des Vorgängers ausgeliefert, ehe die Leistung auf 2,2 PS gesteigert wurde. Am Ende der Fertigungsperiode 1963 kam wohl der Motor des Nachfolgers mit 2,7 PS zum Einsatz. Eine wichtige technische Neuerung waren die Vollnabenbremstrommeln in beiden Rädern. Das Mokick war als Einsitzer mit Gepäckträger und später auch mit Doppelsitzbank erhältlich.

Jawetta Standard / Sport

Neben den Mokick-Modellen und den von Jawa initiierten Stadion-Mopeds bot Jawa ab Ende 1958 selbst auch zwei Moped-Modelle an. Deren Rahmen bestand aus zwei zusammengeschweißten Pressstahl-Schalen, die den hinteren Kotflügel mit einschlossen. Zur Federung diente hinten eine ähnliche Schwingenkonstruktion mit Zentralfeder wie bei der Pionyr, vorne reichten die einfachen Schwinghebel. Der Motor war aus der Stadion S 11 bekannt, zwei Getriebegänge mussten auch hier zur Kraftübertragung reichen. Nachdem zunächst nur der Typ »Standard« in einfacher Mopedform angeboten wurde, kam ab 1960 eine »Sport«-Version mit einigen Änderungen heraus. Die Motorleistung war etwas angehoben worden, der größere Tank war in einer Linie zum (komfortableren) Sitz angeordnet und ein sportlicherer Lenker verwendet worden. Von der Sportversion (hier im Bild) gab es wiederum zwei Ausführungen, »Luxus« und »de luxe«.

Fahrzeugtyp	Moped
Produktionszeit	1958–62 / 1960–62
Motor	1-Zylinder-2-Takt
Steuerung	Umkehrspülung
Kühlung	Fahrtwind
Hubraum (cm³)	49,8
Bohrung/Hub (mm)	38/44
Leistung PS/1/min	1,5/4750 / 1,8/5500
Verdichtung :1	7,5
Getriebe	2-Gang
Rahmen	Pressstahl-Schalenrahmen
Federung vorn	Kurzschwinge
Federung hinten	Schwinge mit Zentralfeder
Reifen vorn	2.00-19
Reifen hinten	2.00-19
Bremse vorn	Trommel
Bremse hinten	Trommel
Leergewicht (kg)	44
Tankinhalt (Liter)	2,7 / 6,5
Höchstgeschw. (km/h)	50
Verbrauch (l/100 km)	1,6

Jawa 50 (Typ 05 Ideal / Sport)

Es war nur logisch, aus dem oben vorgestellten Jawa-50-Mokick mit Knieschutzblech und Trittbrettern einen Kleinroller entstehen zu lassen. So erschien dann 1963 die neue Jawa 50, die auf einigen Märkten den Zusatz »Ideal« erhielt und intern als Typ 05 in die Geschichte einging. Das Heck zierte noch mehr Blech als beim Vorgänger und die Lampenverkleidung mutete etwas futuristisch an. Der Tank befand sich jetzt unter der Sitzbank, die bis auf einige

Fahrzeugtyp	Mokickroller / Mokick
Produktionszeit	1963–1966
Motor	1-Zylinder-2-Takt
Steuerung	Umkehrspülung
Kühlung	Fahrtwind
Hubraum (cm³)	49,9
Bohrung/Hub (mm)	38/44
Leistung PS/1/min	3/6000
Verdichtung :1	7,5
Getriebe	3-Gang
Rahmen	Profilrohr
Federung vorn	Telegabel
Federung hinten	Schwinge mit Federbeinen
Reifen vorn	2.75-16
Reifen hinten	2.75-16
Bremse vorn	Vollnaben-Trommel 125 mm
Bremse hinten	Vollnaben-Trommel 125 mm
Leergewicht (kg)	65 / 61
Tankinhalt (Liter)	5,5
Höchstgeschw. (km/h)	60
Verbrauch (l/100 km)	2,3

Bei der Sport-Ausführung der Jawa 05 gab es Fußrasten anstelle der Trittbretter und auf ein Knieschutzblech wurde verzichtet.

Exportvarianten immer für zwei Personen gedacht war. Die wichtigste technische Änderung war die auf zwei hydraulisch gedämpfte Federbeine abgestützte Schwinge. Der Motor blieb in seiner Grundauslegung unverändert, leistete unter anderem durch eine höhere Verdichtung und mehr Drehzahl jetzt 3 PS. Ein wenig später erschienenes Sport-Modell verzichtete auf Knieblech und Trittbretter, dafür gab es einen hohen Lenker mit Querstrebe und mit den Fußrasten wurde aus dem Roller wieder ein Mokick.

Jawa 50 (Typ 20 Standard / 21 Sport)

In Povazska Bystrica, wo eigentlich Manet zuhause war, ließ Jawa seine Mokickroller mit 50 cm³ Hubraum bauen. Ab 1966 wechselte hier die Typenbezeichnung von 05 zu 20, ohne dass sich optisch Wesentliches änderte. Dafür war der Motor überarbeitet worden und leistete nun dank höherer Verdichtung und mehr Drehzahl 3,5 PS. Damit konnten zwei Personen ganz ordentlich vorwärtskommen, sofern sie auf der 60 cm kurzen Sitzbank (3 cm mehr als beim Modell 05) Platz fanden. Eine verbesserte elektrische Anlage sorgte unter anderem für bessere Lichtverhältnisse. Vom neuen Kleinroller gab es auch wieder eine Mokick-Variante als Typ 21 »Sport«, mit hohem Lenker, knappem vorderem Schutzblech und ohne Knieblech und Trittbretter. Die Zeit der schnellen Modellwechsel bei Jawa war vorbei und so mussten die Typen 20 und 21 bis 1982 im Programm bleiben.

Fahrzeugtyp	Mokickroller / Mokick
Produktionszeit	1966–1982
Motor	1-Zylinder-2-Takt
Steuerung	Umkehrspülung
Kühlung	Fahrtwind
Hubraum (cm³)	49,9
Bohrung/Hub (mm)	38/44
Leistung PS/1/min	3,5/6500
Verdichtung :1	9,2
Getriebe	3-Gang
Rahmen	Profilrohr
Federung vorn	Telegabel
Federung hinten	Schwinge mit Federbeinen
Reifen vorn	2.75-16
Reifen hinten	2.75-16
Bremse vorn	Vollnaben-Trommel 125 mm
Bremse hinten	Vollnaben-Trommel 125 mm
Leergewicht (kg)	70 / 67
Tankinhalt (Liter)	5,5
Höchstgeschw. (km/h)	60
Verbrauch (l/100 km)	2,3

Babetta 228

In Westeuropa hatte sich Ende der 1960er Jahre eine neue Fahrzeuggattung mit einem riesigen Umsatzpotenzial etabliert. Das »Mofa« stand für Motorfahrrad und war ein den ersten Mopeds ähnliches Zweckfahrzeug mit fahrradähnlichem Fahrgestell, 50-cm^3-Eingang-Motor und einem zweiten Kettenantrieb mit Pedalen. Bei Jawa wollte man sich diesem Markt nicht länger verschließen und begann mit einer Mofa-Entwicklung, deren Serienfertigung dann im slowakischen Povážska Bystrica (wo die Jawa-Mopeds und der Manet-Roller gebaut wurden) stattfinden sollte. Im Frühjahr 1971 begann die Produktion des Modells 228, für das die Bezeichnung »Babetta« auch Markenname war, da Jawa nicht direkt mit dem Fahrzeug in Verbindung gebracht werden sollte. Prompt floppte das Mofa auch, denn vor allem die 23-Zoll-Räder machten es unattraktiv. Aber der verbesserte Nachfolger stand schon in den Startlöchern.

Fahrzeugtyp	Mofa
Produktionszeit	1971–1973
Motor	1-Zylinder-2-Takt
Steuerung	Umkehrspülung
Kühlung	Fahrtwind
Hubraum (cm^3)	49
Bohrung/Hub (mm)	39/41
Leistung PS/1/min	1,5/4500
Verdichtung :1	k. A.
Getriebe	1-Gang
Rahmen	Rohrrahmen
Federung vorn	Telegabel
Federung hinten	keine
Reifen vorn	23 x 2,00
Reifen hinten	23 x 2,00
Bremse vorn	Trommel
Bremse hinten	Rücktritt-Nabe
Leergewicht (kg)	42
Tankinhalt (Liter)	k. A.
Höchstgeschw. (km/h)	40
Verbrauch (l/100 km)	1,7

Jawa 50 »Mustang«

Das neue Jawa-Mokick mit der internen Typennummer 23 ging auf die Vorgängermodelle 05 und 20 zurück, was sich besonders an der Antriebseinheit bemerkbar machte, und am durchstiegsfreien Rollerrahmen, der nun mit einem großen 10-Liter-Tank überbrückt wurde. Die Beibehaltung des Rollerfahrwerks führte auch zu einer geringen Bodenfreiheit mit den in Kurven sehr früh aufsetzenden Fußrasten und Ständer. Die deshalb gekürzten Federwege wirkten sich negativ auf Komfort und Fahrverhalten aus. Eine Rohrschwinge anstelle des Kastenteils ersetzte nun die Hinterradführung, die Soziusfußrasten waren kniebelastend an der Schwinge angeschraubt. Der Motor wurde nahezu unverändert übernommen, durch Überarbeitung der Überströmkanäle konnte eine bessere Füllung und damit eine höhere Leistung erreicht werden. In den zehn Jahren seiner Bauzeit erfuhr das Mokick zahlreiche Verbesserungen, ein Spitzenprodukt wurde es indes nie.

Fahrzeugtyp	Mokick
Produktionszeit	1972–1982
Motor	1-Zylinder-2-Takt
Steuerung	Umkehrspülung
Kühlung	Fahrtwind
Hubraum (cm³)	49,9
Bohrung/Hub (mm)	38/44
Leistung PS/1/min	4/6500
Verdichtung :1	9,5
Getriebe	3-Gang
Rahmen	Profilrohr
Federung vorn	Telegabel
Federung hinten	Schwinge mit Federbeinen
Reifen vorn	2.75-16
Reifen hinten	2.75-16
Bremse vorn	Vollnaben-Trommel 125 mm
Bremse hinten	Vollnaben-Trommel 125 mm
Leergewicht (kg)	68
Tankinhalt (Liter)	10
Höchstgeschw. (km/h)	60
Verbrauch (l/100 km)	3,2

Mit Hilfe von Fahr- und Triebwerk der Mokick-Roller ein echtes Mokick zu kreieren, war den Jawa-Ingenieuren nicht sonderlich gelungen. Von den Qualitäten etwa der Simson-Mokicks war die Jawa Mustang weit entfernt.

Babetta 206 / 207

Im Wesentlichen war es die Umrüstung auf 16-Zoll-Räder, die die Babetta sofort viel interessanter machte. Ansonsten blieb fast alles beim Alten, der Eingang-Motor mit Fliehkraftautomatik genauso wie der separate Pedaltrieb und der ins Rahmengefüge integrierte Tank. Jetzt begann die Babetta zum Verkaufsschlager zu werden; 18.000 Exemplare wurden 1974 allein in der Bundesrepublik verkauft, die Jahresproduktion belief sich auf 60.000 Einheiten. 1975 kam parallel zum Modell 206 der Typ 207 mit einer auf zwei Federbeinen gestützten Hinterradschwinge heraus. 1976 wurde die gesamte Babetta-Produktion exportiert, es gab spezielle Export-Ausführungen z. B. für die USA, die BRD, die Niederlande usw. Unterschiedliche Geschwindigkeitsbestimmungen, Designwünsche, elektrische Anlagen oder sogar Doppelsitzer ließen die Typen 207-200 bis 207-500 entstehen, die bis 1983 gebaut wurden.

Fahrzeugtyp	Mofa
Produktionszeit	1973–1983
Motor	1-Zylinder-2-Takt
Steuerung	Umkehrspülung
Kühlung	Fahrtwind
Hubraum (cm³)	49
Bohrung/Hub (mm)	39/41
Leistung PS/1/min	1,5/4500
Verdichtung :1	k. A.
Getriebe	1-Gang
Rahmen	Rohrrahmen
Federung vorn	Telegabel
Federung hinten	Schwinge mit Federbeinen
Reifen vorn	2.25-16
Reifen hinten	2.25-16
Bremse vorn	Trommel
Bremse hinten	Rücktritt-Nabe
Leergewicht (kg)	25
Tankinhalt (Liter)	k. A.
Höchstgeschw. (km/h)	25–40
Verbrauch (l/100 km)	1,7

Babetta 210

1983 kam ein überarbeitetes Babetta-Modell auf den Markt – hauptsächlich auf den westeuropäischen und hier unter dem Markennamen Jawa. Neben dem moderneren Design, bei dem der aufgesetzte Tank hervorstach, war es vor allem die 2-Gang-Automatik, die das neue Mofa kennzeichnete, aber auch den Motor-Getriebeaufbau ziemlich kompliziert machte, weshalb einige Exportländer auch weiterhin die Eingang-Automatik mit Fliehkraftkupplung bevorzugten. Wieder gab es die verschiedensten Varianten, die Geschwindigkeiten von 25 bis 50 km/h ermöglichten. 1986 wurde die Mofa-Produktion von Povážskà Bystrica nach Kolarovo, nahe der ungarischen Grenze, verlegt. Das ging natürlich nicht ohne Reibungsverluste ab, dennoch wurden zeitweise bis zu 100.000 Mofas pro Jahr hergestellt. Und das in den verschiedensten Varianten, die sich in den Typenbezeichnungen 210-008, 210-011 usw. niederschlugen.

Fahrzeugtyp	Mofa
Produktionszeit	1983–1997
Motor	1-Zylinder-2-Takt
Steuerung	Umkehrspülung
Kühlung	Fahrtwind
Hubraum (cm³)	48
Bohrung/Hub (mm)	39/41
Leistung PS/1/min	1,5/k.A.
Verdichtung :1	k. A.
Getriebe	1- oder 2-Gang-Automatik
Rahmen	Rohrrahmen
Federung vorn	Telegabel
Federung hinten	Schwinge mit Federbeinen
Reifen vorn	2.25-16
Reifen hinten	2.25-16
Bremse vorn	Trommel
Bremse hinten	Trommel
Leergewicht (kg)	55
Tankinhalt (Liter)	4
Höchstgeschw. (km/h)	25–50
Verbrauch (l/100 km)	k. A.

Jawa-Gelände-sportmaschinen

Die Tschechoslowaken waren nicht nur Motorradsportliebhaber, sie waren geradezu verrückt nach Rundstrecke, Schotterpiste und Moto-Cross-Parcours. Und tschechische Motorräder gewannen in den fünfziger und sechziger Jahren speziell im Gelände unter anderem Sechstagefahrten und Weltmeistertitel. Neben den Werksmaschinen begann Jawa schon zu Beginn der 1950er Jahre mit der Fertigung von Kleinserien-Sportmotorrädern für Privat- und Nachwuchsfahrer, später auch für den Export. Die Liste der Typen dieser Enduro- und Moto-Cross-Maschinen ist so lang, dass eine Vorstellung aller Modelle an dieser Stelle nicht möglich ist. Zumindest eine Auswahl der wichtigsten Fahrzeuge soll jedoch den Weg in dieses Buch finden.

Speziell im Motorradgeländesport, längst Enduro-Sport genannt, waren die Tschechen die führende Nation überhaupt. Beim ersten Sechstage-Rennen nach dem Zweiten Weltkrieg holten die Jawa-Teams sowohl die Trophy als auch die Silbervase. Danach folgten bis 1991 14 Trophy-Siege, und 13 Mal holten Jawa-Fahrer (teils mit CZ-Maschinen gemischt) die Silbervase nach Prag! In der ab 1968 eingeführten Enduro-Europameisterschaft räumten Jawa-Fahrer bis 1986 insgesamt 24 Titel in den Klassen 250, 350 und 500 cm³ ab. Keine andere Marke war bis in die politische Wende hinein in dieser Sportart so erfolgreich. Die Jawa-Zweitakter waren es auch, die lange vor MZ den schweren englischen Viertaktern das Fürchten auf den Pisten lehrten und generell die Taktwende im Enduro-Sport einleiteten. Im Bild das Silbervasen-Gewinnerteam der Six Days 1971.

Jawa 250 GS / 350 GS (Typen 553, 554)

Von 1947 bis 1962 holte die Tschechoslowakei siebenmal die Trophy und neunmal die Silbervase bei der Internationalen Sechstagefahrt, die einer Enduro-WM gleichkam. Damit war man über ein Jahrzehnt lang mit Abstand die erfolgreichste Nation in dieser Sportart, die damals wesentlich mehr Aufmerksamkeit genoss als heutzutage.

Neben den CZ-Geländesportmotorrädern bis 175 cm³ Hubraum baute Jawa um 1958 herum zwei Kleinserienmaschinen mit 250 und 350 cm³, die schon deutlich mehr nach Gelände aussahen. Dafür sorgten vor allem die stollenbereiften Räder mit 21 Zoll (vorn) und 18 Zoll (hinten). Die 250er, die im Werkstrimm starke 20 PS leistete, war übrigens die erste GS der Prager nach dem Krieg in dieser Hubraumklasse.

Fahrzeugtyp	Enduro
Produktionszeit	1956–59
Motor	1-Zylinder-2-Takt / 2-Zylinder-2-Takt
Steuerung	Umkehrspülung
Kühlung	Fahrtwind
Hubraum (cm³)	248 / 344
Bohrung/Hub (mm)	58/65 / 58/65
Leistung PS/1/min	20/5100 / 25,6/6500
Verdichtung :1	k. A.
Getriebe	4-Gang
Rahmen	Stahlblech-Vierkant, geschweißt
Federung vorn	Telegabel
Federung hinten	Schwinge mit Federbeinen
Reifen vorn	21″
Reifen hinten	18″
Bremse vorn	Trommel 160 mm
Bremse hinten	Trommel 160 mm
Leergewicht (kg)	142 / 125
Tankinhalt (Liter)	k. A.
Höchstgeschw. (km/h)	k. A.
Verbrauch (l/100 km)	k. A.

Jawa GS 350 (Typ 575)

In den 1960er Jahren setzten sich im Motorradgeländesport immer mehr die Maschinen mit Zweitaktmotoren durch und allein schon zur Gewichtsersparnis sollten die wiederum mit einem Zylinder auskommen. Jawa baute deshalb in seine 350er Werksmaschinen neue Einzylindermotoren ein und holte 1962 mit zwei dieser Motorräder im tschechoslowakischen Team den nächsten Gesamtsieg bei der Sechstagefahrt in Garmisch-Partenkirchen. Die Maschinen, deren Motor 30 PS leistete, waren in vielen Belangen baugleich mit den Crossern, andere Federelemente, Reifen und Schutzbleche sowie stärkere Bremsen entsprachen dem Charakter der Geländesport-Wettbewerbe. Eine Beleuchtungsanlage war natürlich obligatorisch. So wie es vom oben beschriebenen 250er MC-Modell auch 350er Versionen gab, waren bei den GS-Typen ebenfalls 250er gebaut worden.

Fahrzeugtyp	Enduro
Produktionszeit	1962
Motor	1-Zylinder-2-Takt
Steuerung	Umkehrspülung
Kühlung	Fahrtwind
Hubraum (cm³)	344
Bohrung/Hub (mm)	k. A.
Leistung PS/1/min	30/7500
Verdichtung :1	k. A.
Getriebe	4-Gang
Rahmen	Rohrrahmen
Federung vorn	Telegabel
Federung hinten	Schwinge mit Federbeinen
Reifen vorn	3.00-21
Reifen hinten	3.25-19
Bremse vorn	Trommel
Bremse hinten	Trommel
Leergewicht (kg)	112
Tankinhalt (Liter)	k. A.
Höchstgeschw. (km/h)	k. A.
Verbrauch (l/100 km)	k. A.

Jawa 250 / 350 / 500 GS »banán«

1963 tauchten bei Geländesportveranstaltungen und im Moto Cross erstmals völlig neu konstruierte 250er GS- und MC-Modelle von Jawa auf. Beim kurzhubigen Motor, dessen Gehäuse aus einem einzigen Grundgussstück bestand, konnte die nadelgelagerte Kurbelwelle ohne Ausbau des Motors demontiert werden. Durch viele feine Zutaten leistete das Triebwerk fast 26 PS und war damit in der Weltspitze etabliert. Das neue Fünfgang-Getriebe war ebenfalls am Motorrad demontierbar. Am auffälligsten an den neuen Maschinen war allerdings der Rahmen, dessen Basis zwei Chrommolybdän-Rohre mit rechteckigem Querschnitt waren, die in ihrer Form an eine Banane erinnerten, was diesen Maschinen ihren Beinamen verlieh. Steuerkopf, Fußrasten- und Schwingenhalterung waren an die Rohre geschweißt. Bis 1969 wurden die Bananen-Rahmen, bei stetiger Weiterentwicklung der Maschinen, eingesetzt, ab 1965 auch bei den 350ern und 500ern mit 362-cm³-Motor.

Fahrzeugtyp	Enduro
Produktionszeit	1963–69 / 1965–69
Motor	1-Zylinder-2-Takt
Steuerung	Umkehrspülung
Kühlung	Fahrtwind
Hubraum (cm³)	246 / 344 / 362
Bohrung/Hub (mm)	70/64 / k. A.
Leistung PS/1/min	25,6/6500 / 29/6500 / 29/6500
Verdichtung :1	k. A.
Getriebe	5-Gang
Rahmen	Rückgrat-Rohrrahmen
Federung vorn	Telegabel
Federung hinten	Schwinge mit Federbeinen
Reifen vorn	3.00-21
Reifen hinten	3.25-19
Bremse vorn	Trommel
Bremse hinten	Trommel
Leergewicht (kg)	125
Tankinhalt (Liter)	k. A.
Höchstgeschw. (km/h)	k. A.
Verbrauch (l/100 km)	k. A.

Jawa 175 / 250 / 350 / 500 GS (Typen 651–654)

Was für CZ im Moto-Cross-Sport galt, konnte für Jawa im Geländesportbereich durch die ganzen 1970er Jahre hindurch geltend gemacht werden. Die tschechoslowakischen Teams gewannen auf Jawa bei den Sechstagefahrten von 1970 bis 1978 achtmal die Trophy und sechsmal die Silbervase – das war Dominanz pur. Und das musste natürlich vermarktet werden. So entstand zwischen 1970 und zunächst 1976 eine ganze Reihe von Kleinserienmaschinen zwischen 174 und 362 cm³, die in damals gängigen Hubraumklassen an den Start gehen konnten. Im Bild ist eine GS 350 von 1970 zu sehen, die das Vorgängermodell mit »Bananen-Rahmen« ablöste. Im Laufe der Jahre flossen immer wieder Änderungen ein, so kam das vordere Schutzblech als Kunststoffteil direkt unter die Lampe und die Gummifaltenbälge an der Telegabel verschwanden.

Fahrzeugtyp	Enduro
Produktionszeit	1970–76
Motor	1-Zylinder-2-Takt
Steuerung	Umkehrspülung
Kühlung	Fahrtwind
Hubraum (cm³)	174 / 246 / 344 / 362
Bohrung/Hub (mm)	62/57,5 / 70/64 / 78/72 / 82/72
Leistung PS/1/min	21,5/7000 / 27,5/7000 / 34/6500 / 35/6500 (1974)
Verdichtung :1	11-9,5
Getriebe	6-Gang / 6-Gang / 5-Gang / 5-Gang
Rahmen	Doppelschleifen-Rohrrahmen
Federung vorn	Telegabel
Federung hinten	Schwinge mit Federbeinen
Reifen vorn	2.75-21 / 3.00-21
Reifen hinten	3.50-18 / 4.25-18
Bremse vorn	Innenbacken-Trommel 180 mm
Bremse hinten	Innenbacken-Trommel 180 mm
Leergewicht (kg)	115 / 120 / 121 / 121
Tankinhalt (Liter)	12
Höchstgeschw. (km/h)	125 / 135 / 145 / 146
Verbrauch (l/100 km)	k. A.

Letzte Ausführung der Jawa-GS-Modelle von 1975/76, mit neuem Tankdesign, geschwärztem Motor und blanker Telegabel. ↑→

Eine Jawa-Werksenduro von 1971 mit der die Tschechoslowaken im gleichen Jahr bei den Six Days auf der Isle of Man sowohl die Trophy als auch die Silbervase gewannen.↓

Jawa-Tatran GS 75 / 100 / 125

Die kleinen Hubraumklassen waren spätestens seit Ende der 1960er Jahre ein wichtiger Bestandteil im Endurosport, vor allem Simson und Zündapp machten hier auf sich aufmerksam. Aber auch Jawa war gut dabei, Milan Kremel wurde 1973 und 1974 Vizeeuropameister auf einer 100er. Anfangs fuhren die Maschinen noch unter der Marke Tatran (siehe Foto von 1971), später klebte der Jawa-Schriftzug auf dem Tank. Die Enduros wurden aber weiterhin im Tatran-Werk in Považská Bystrica in der Slowakei gebaut, speziell die Motoren waren Tatran-eigene Entwicklungen. Die Zweitakter waren mit einem Einlassdrehschieber, der auf der Kurbelwelle saß, ausgerüstet. Gezündet wurde mit einer damals noch nicht alltäglichen Tyristorzündung, ebenfalls bei Tatran entwickelt und gebaut. Das dünne Drehzahlband der kleinen Zweitakter machte ein Achtgang-Getriebe (Klauenschaltung) notwendig. Zwischen 1975 und 1977 entstand eine Kleinserie dieser Maschinen.

Fahrzeugtyp	Enduro
Produktionszeit	1975–1977
Motor	1-Zylinder-2-Takt
Steuerung	Drehschieber
Kühlung	Fahrtwind
Hubraum (cm³)	74,7 / 99,8 / 123
Bohrung/Hub (mm)	49/39,6 / 52/47 / k. A.
Leistung PS/1/min	14,8/9900 / 18/9900 / 20,4/8500
Verdichtung :1	k. A.
Getriebe	8-Gang
Rahmen	Doppelschleifen-Rohrrahmen
Federung vorn	Telegabel
Federung hinten	Schwinge mit Federbeinen
Reifen vorn	2.75-21
Reifen hinten	3.75-18 / 4.25-18
Bremse vorn	Trommel 150 mm
Bremse hinten	Innenbacken-Trommel 140 mm
Leergewicht (kg)	80
Tankinhalt (Liter)	k. A.
Höchstgeschw. (km/h)	97 / 117 / 122
Verbrauch (l/100 km)	k. A.

Jawa 80 / 125 GS (Typen 659-0-83, 657-2-83)

Die seit Ende der 1970er Jahre jährlich wechselnden Modellvarianten bei den Jawa-Enduros und deren entsprechenden Typenbezeichnungen können, wie wiederholt erwähnt, in diesem Buch unmöglich alle aufgeführt werden. Herausgegriffen und gezeigt werden sollen hier und im Folgenden die 1983er Modelle, die in den weiteren Jahren bis 1990 in stetiger Weiterentwicklung gebaut wurden. Neu war für dieses Jahr ein 80-cm³-Modell, das ins Programm genommen werden musste, da die alte 175er Klasse bei der ISDT (Sechstagefahrt) 1982 zum letzten Mal antreten durfte, die Mannschaften aber in fünf Hubraumklassen präsent sein sollten. Der 80er Motor war zwar ähnlich dem der 125er, hatte aber eine andere Anordnung des Drehschiebers. Bei den Fahrwerken setzte Jawa immer noch auf die Schwinge mit zwei Federbeinen, die jetzt aber weit vor der Hinterachse angelenkt waren. Erst ab 1986 warteten Jawa-Enduros mit einem Zentralfederbein auf.

Fahrzeugtyp	Enduro
Produktionszeit	1983
Motor	1-Zylinder-2-Takt
Steuerung	Umkehrspülung
Kühlung	Wasser
Hubraum (cm³)	80 / 124
Bohrung/Hub (mm)	48/44 / 55/52
Leistung PS/1/min	18/12000 / 26,5/10500
Verdichtung :1	k. A.
Getriebe	6-Gang
Rahmen	geschlossener Doppelrohrrahmen
Federung vorn	Telegabel
Federung hinten	Schwinge mit Federbeinen
Reifen vorn	2.75-21
Reifen hinten	3.75-18
Bremse vorn	Trommel
Bremse hinten	Trommel
Leergewicht (kg)	99 / 107
Tankinhalt (Liter)	k. A.
Höchstgeschw. (km/h)	k. A.
Verbrauch (l/100 km)	k. A.

Jawa 560 GS (Typ 871)

In der Zusammenarbeit zwischen Jawa und der österreichischen Firma Bombardier-Rotax implementierten die Tschechen 1983 einen Rotax-Einzylinder-Viertaktmotor mit 562 cm³ Hubraum in das abgeänderte Fahrgestell einer Zweitakt-Fünfhunderter. Mit dieser Maschine konnte Jawa die Enduro-Klasse über 500 cm³ besetzen und hatte wieder ein komplettes Six-Days-Programm. Der Motor, der als Einbautriebwerk bei zahlreichen Herstellern zum Einsatz kam, wies eine ohc-Steuerung (Vierventil-Zylinderkopf) auf, die mittels Zahnriemen angetrieben wurde. Ein ähnlicher Motor wurde dann ab 1985 auch im Jawa-Straßenmodell 506 eingebaut. Nachdem die tschechoslowakische Mannschaft 1982 wieder und zum bis heute letzten Mal die Six-Days gewonnen hatte, also Enduro-Mannschaftsweltmeister war, reichte es im Jahr darauf nur zum Vizetitel. Im Bild ist die Rotax-Jawa aus dem letzten Baujahr 1989 mit Zentralfederbein zu sehen.

Fahrzeugtyp	Enduro
Produktionszeit	1983–1989
Motor	1-Zylinder-4-Takt
Steuerung	ohc
Kühlung	Fahrtwind
Hubraum (cm³)	562
Bohrung/Hub (mm)	94/81
Leistung PS/1/min	45,5/7000
Verdichtung :1	9,2
Getriebe	5-Gang
Rahmen	geschlossener Doppelrohrrahmen
Federung vorn	Telegabel
Federung hinten	Schwinge mit Federbeinen / Monoshok
Reifen vorn	2.75-21
Reifen hinten	4.75-18
Bremse vorn	Trommel
Bremse hinten	Trommel
Leergewicht (kg)	126
Tankinhalt (Liter)	k. A.
Höchstgeschw. (km/h)	k. A.
Verbrauch (l/100 km)	k. A.

Jawa 250 / 500 GS »Vodnik«

Aus den achtziger Jahren zurückblickend war Jawa die erfolgreichste Marke überhaupt im Motorrad-Geländesport. Auch wenn der tschechische Traditionshersteller nicht mehr an alte Erfolge anknüpfen konnte, baute er doch weiterhin Geländesportmotorräder auf hohem Niveau, die nach wie vor international einen guten Ruf genossen. Die Maschinen wurden im Jahresrhythmus weiterentwickelt und an internationale Standards angepasst. Eine entscheidende Maßnahme war das ab 1986 für alle GS-Zweitakter eingeführte Zentralfederbein, das für wesentlich bessere Fahreigenschaften, besonders bei den Cross-Einlagen, sorgte. Alle Motorräder hatten jetzt eine Wasserkühlung – daher die Bezeichnung »Vodnik« – und eine Membraneinlassteuerung. Bei der 500er war schon zwei Jahre zuvor der Hubraum von 396 auf 362 cm³ reduziert worden, was die Maschine im Gelände wesentlich beweglicher machte.

Fahrzeugtyp	Enduro
Produktionszeit	1986–1989
Motor	1-Zylinder-2-Takt
Steuerung	Einlassmembrane
Kühlung	Wasser
Hubraum (cm³)	246 / 362
Bohrung/Hub (mm)	64/70 / 72/80
Leistung PS/1/min	42/8750 / 44/7250
Verdichtung :1	k. A.
Getriebe	6-Gang / 5-Gang
Rahmen	Doppelschleifenrohrrahmen
Federung vorn	Telegabel
Federung hinten	Monoshok
Reifen vorn	3.00-21
Reifen hinten	5.00-18
Bremse vorn	Scheibe 235 mm
Bremse hinten	Trommel 160 mm
Leergewicht (kg)	114 / 116
Tankinhalt (Liter)	k. A.
Höchstgeschw. (km/h)	k. A.
Verbrauch (l/100 km)	k. A.

Moto-Cross-Maschinen von Jawa

Als zu Beginn der 1950er Jahre die Moto-Cross-Welle aus England auf das europäische Festland, also auch nach Deutschland und der Tschechoslowakei, überschwappte, entstand hier sehr schnell eine Szene mit zunächst regionalen Wettbewerben. Der wesentliche Unterschied zum Geländesport war und ist, dass ausschließlich in Geländeparcours, abseits jeglicher befestigter Straßen oder Wege, gefahren wurde. Zunächst fuhren die ersten Enthusiasten noch mit den gleichen seriennahen Maschinen, wie sie im Geländesport eingesetzt wurden. In der zweiten Hälfte der 1950er Jahre begann dann langsam die Spezialisierung, etwa mit dem Weglassen von Beleuchtungseinrichtungen und straßenzugelassenen Auspuffanlagen. Danach erfolgten unterschiedliche Fahrwerksauslegungen, was zum Beispiel andere Federwege, Bremsen oder Reifengrößen bedeutete. Die Tankinhalte wurden geringer, Getriebeabstufungen und -übersetzungen änderten sich. Da in England, dem Mutterland des Motorrad-Geländesports, seit Jahrzehnten schwere Viertaktmaschinen das Geschehen bestimmten, waren solche Motorräder zunächst auch im übrigen Europa angesagt. Für Jawa hieß das, den Zweizylinder-Viertaktmotor aus den Straßenmodellen 15/01 und 15/02 in ein halbwegs geländetaugliches Fahrwerk zu setzen und mit 350 oder 500 cm³ in die Schlammschlachten zu schicken. Spätestens 1958 änderte der mit einer Jawa-Zweitaktmaschine errungene 250-cm³-Europameistertitel aber alles. Die Tschechen setzten künftig ausnahmslos auf Zweitaktmaschinen und hatten hier – wie auch im Geländesport – erheblichen Anteil an der Jahrzehnte währenden Verdrängung von Viertaktmaschinen in diesen Sportarten.

Für Jawa war der Moto-Cross-Sport aber sehr bald nur noch ein Nebenkriegsschauplatz. Zur Schonung und Bündelung der Ressourcen konzentrierte sich CZ in Strakonice auf die Entwicklung von Moto-Cross-Maschinen und Jawa kümmerte sich um den Enduro-Sektor. Und beide Firmen waren in ihren Disziplinen viele Jahre lang sehr erfolgreich. Nachfolgend eine Auswahl der wichtigsten MC-Maschinen von Jawa.

Jawa 350 / 500 OHC

Mitte der 1950er Jahre war man bei Jawa noch der Meinung, neben den Zweitaktmaschinen auch mit den schweren ohc-Viertaktern bei Moto-Cross-Wettbewerben antreten zu müssen. Der aus dem Modell 15/02 vorhandene 500er Motor erhielt eine dreifach gelagerte Kurbelwelle und schärfere Nocken; eine höhere Verdichtung sowie ein 28-mm-Vergaser steigerten ein wenig die Leistung gegenüber dem Straßenmodell. Für die 350er Klasse wurde der Hubraum auf 346 cm^3 reduziert. Offene Auspufftüten sorgten für ordentlich Krach im Parcours. Am Fahrwerk fielen die kräftige Hinterradschwinge mit mächtigen Federbeinen und die lange Schwinge am Vorderrad (nur bei der 350-cm^3-Maschine) anstelle der bei Jawa hofierten Telegabel auf. Mit den üblichen Geländeattributen traten Werksfahrer ab 1955 auf den schweren Maschinen an, ohne große Erfolge einzufahren. Eine Kleinserienfertigung gab es von diesen Maschinen noch nicht.

Fahrzeugtyp	Moto-Cross
Produktionszeit	1955 / 1955–1957
Motor	2-Zylinder-4-Takt
Steuerung	ohc
Kühlung	Fahrtwind
Hubraum (cm^3)	346 / 488
Bohrung/Hub (mm)	k. A. / 65/73,6
Leistung PS/1/min	28/5800 / 35/5500
Verdichtung :1	8
Getriebe	4-Gang
Rahmen	Stahlblech-Vierkant
Federung vorn	Langschwinge mit Federbeinen
Federung hinten	Schwinge mit Federbeinen
Reifen vorn	3.75-19 / 3.25-21
Reifen hinten	4.00-19
Bremse vorn	Trommel
Bremse hinten	Trommel
Leergewicht (kg)	135 / 142
Tankinhalt (Liter)	13,5
Höchstgeschw. (km/h)	128
Verbrauch (l/100 km)	k. A.

Jawa 353 M

Erfolgreicher als die schweren Viertaktmodelle erwies sich die zeitgleich gebaute Zweitakt-Jawa Typ 353 M, die es – entsprechend den Perak- oder Kyvacka-Modellen – mit dem 250-cm^3-Einzylindermotor oder dem 350-cm^3-Twin gab. Mit 18 bzw. 20 PS hatten die Ingenieure die Leistung der Motoren gegenüber den Straßenmodellen deutlich anheben können. Ungewöhnlich, aber zu dieser Zeit noch nicht unüblich war das kleine 16-Zoll-Vorderrad, das erst bei nachfolgenden Maschinen auf crosstaugliche 21 Zoll vergrößert wurde. Die 350er Moto-Cross-Maschine vom Typ 558, mit der Jawa-Werksfahrer 1959 in die Wettbewerbe gingen, war ein Beispiel dafür. Diese Maschine war die logische und erfolgreiche Weiterentwicklung des Typs 353 M.

Fahrzeugtyp	Moto-Cross
Produktionszeit	1954–1956
Motor	1-Zylinder-2-Takt
Steuerung	Umkehrspülung
Kühlung	Fahrtwind
Hubraum (cm^3)	248 / 344
Bohrung/Hub (mm)	65/75 / 58/65
Leistung PS/1/min	18/4750 / 20/4750
Verdichtung :1	8
Getriebe	4-Gang
Rahmen	Rohrrahmen
Federung vorn	Telegabel
Federung hinten	Schwinge mit Federbeinen
Reifen vorn	3.00-21
Reifen hinten	3.25-19
Bremse vorn	Trommel
Bremse hinten	Trommel
Leergewicht (kg)	115/118
Tankinhalt (Liter)	13
Höchstgeschw. (km/h)	125
Verbrauch (l/100 km)	k. A.

Jawa MC 250 (Typ 579-01)

Jawa begann nach 1960 Moto-Cross-Motorräder als Werksmaschinen in Kleinserien herzustellen. Der Europameistertitel von Jaromír Cížek im Jahre 1958 auf Jawa 250 löste eine Welle der Begeisterung im eigenen Land aus und war sozusagen Auftrag und Verpflichtung zugleich, hier weiterhin für wettbewerbsfähige Sportgeräte zu sorgen. Allerdings spezialisierte sich Jawa in den Folgejahren auf dem Enduro-Sektor, während CZ-Maschinen im Moto-Cross-Bereich dominierten. Das war zur Schonung der Ressourcen selbstverständlich von staatlicher Seite so verordnet worden. Die Jawa Moto-Cross 250 von 1962 war auf der Höhe der Zeit, ihr Einzylinder-Zweitaktmotor leistete 23,5 PS bei 6000 Umdrehungen und ist damit etwa einer Maico MC 250 deutlich überlegen. Interessant war die Rahmenkonstruktion, bestehend aus einem starken Brustrohr, das bis an das Ende des Motorgehäuses reichte und von dort in eine angeschraubte dünne Doppelrohrschleife überging.

Fahrzeugtyp	Moto-Cross
Produktionszeit	1962/63
Motor	1-Zylinder-2-Takt
Steuerung	Umkehrspülung
Kühlung	Fahrtwind
Hubraum (cm³)	246
Bohrung/Hub (mm)	k. A.
Leistung PS/1/min	23,5/6000
Verdichtung :1	k. A.
Getriebe	4-Gang
Rahmen	Rohrrahmen
Federung vorn	Telegabel
Federung hinten	Schwinge mit Federbeinen
Reifen vorn	3.00-21
Reifen hinten	3.25-18
Bremse vorn	Trommel
Bremse hinten	Trommel
Leergewicht (kg)	118
Tankinhalt (Liter)	k. A.
Höchstgeschw. (km/h)	k. A.
Verbrauch (l/100 km)	k. A.

Jawa MC 250 »banán« (Typ 662)

Wie bereits oben bei der GS »banán« beschrieben, tauchten 1963 auch im Moto Cross erstmals völlig neu konstruierte 250er MC-Modelle von Jawa auf. Beim kurzhubigen Motor, dessen Gehäuse aus einem einzigen Grundgussstück bestand, konnte die nadelgelagerte Kurbelwelle ohne Ausbau des Motors demontiert werden. Durch viele feine Zutaten leistete das Triebwerk fast 26 PS und etablierte sich damit in der Weltspitze. Das neue Fünfgang-Getriebe war ebenfalls am Motorrad demontierbar. Am auffälligsten an den neuen Maschinen war allerdings der Rahmen, dessen Basis zwei Chrommolybdän-Rohre mit rechteckigem Querschnitt waren, die in ihrer Form an eine Banane erinnerten, was diesen Maschinen ihren Beinamen verlieh. Steuerkopf, Fußrasten- und Schwingenhalterung waren an die Rohre geschweißt. 1966 wurde der Bananen-Rahmen auch für den in der 500er Klasse startenden Typ 664 eingesetzt.

Fahrzeugtyp	Moto Cross
Produktionszeit	1963–1965
Motor	1-Zylinder-2-Takt
Steuerung	Umkehrspülung
Kühlung	Fahrtwind
Hubraum (cm³)	246
Bohrung/Hub (mm)	70/64
Leistung PS/1/min	25,6/6500
Verdichtung :1	k. A.
Getriebe	5-Gang
Rahmen	Rückgrat-Rohrrahmen
Federung vorn	Telegabel
Federung hinten	Schwinge mit Federbeinen
Reifen vorn	2.75-21
Reifen hinten	4.00-18
Bremse vorn	Trommel
Bremse hinten	Trommel
Leergewicht (kg)	115
Tankinhalt (Liter)	8-10
Höchstgeschw. (km/h)	k. A.
Verbrauch (l/100 km)	k. A.

Im Bild Zdenek Velky, einer der erfolgreichsten tschechischen Moto-Cross-Fahrer.

Jawa MC 500 (Typ 665)

Während der »Bananen-Rahmen« für die kleine Klasse noch bis ins Jahr 1970 hinein zu sehen war, entwickelte Konstrukteur Pavel Husák 1967 einen leichten Doppelschleifen-Rahmen für die Halbliterklasse. Der 498 cm³ große Zweitaktsingle mit fast 45 PS war schwer zu bändigen und Jawa konnte nicht mehr mit der Weltspitze mithalten. Ab 1970 versuchte man es mit einem auf 420 cm³ reduzierten Motor, der mit 41 PS immer noch bissig, aber nicht mehr konkurrenzfähig war. Notwendige Weiterentwicklungen am Motor (z. B. Drehschieber) und Fahrwerk (z. B. Einsatz von Chrom-Molybdänstahl) unterließen die Prager hinsichtlich der weiter fortgeschrittenen Spezialisierung von CZ in diesem Bereich. Hier sei daran erinnert, dass die Marke aus Strakonice zwischen 1964 und 1969 sieben Weltmeistertitel im Moto Cross einfuhr. Jawa hingegen spezialisierte sich auf den Geländesport und gehört hier zu den bis heute erfolgreichsten Marken.

Fahrzeugtyp	Moto Cross
Produktionszeit	1969–1970
Motor	1-Zylinder-2-Takt
Steuerung	Umkehrspülung
Kühlung	Fahrtwind
Hubraum (cm³)	420
Bohrung/Hub (mm)	k. A.
Leistung PS/1/min	41/6250
Verdichtung :1	k. A.
Getriebe	5-Gang
Rahmen	Doppelschleifenrahmen
Federung vorn	Telegabel
Federung hinten	Schwinge mit Federbeinen
Reifen vorn	3.00-21
Reifen hinten	4.25-18
Bremse vorn	Trommel
Bremse hinten	Trommel
Leergewicht (kg)	105
Tankinhalt (Liter)	10
Höchstgeschw. (km/h)	130
Verbrauch (l/100 km)	k. A.

Bahnsport- und Trial-Maschinen

Mit seinen Geländesport-Maschinen war Jawa in den sechziger und siebziger Jahren in die Weltspitze vorgestoßen und dasselbe erlebte die Marke nach 1964, als die bis dahin schon dominierenden ESO-Motoren – staatlich verordnet – an Jawa angegliedert wurden.

Bahnsport war in den dreißiger Jahren schon äußerst populär und Jawa mischte damals bereits in allen Klassen von 175 bis 600 cm^3 kräftig mit und holte mehrere Europameistertitel. Nach dem Krieg begann dann Jaroslav Šimandl mit der Fertigung von Bahnmotoren nach dem Vorbild damaliger JAP-Einzylinder aus England. Später kamen auch Fahrgestelle dazu und unter der Marke ESO etablierte sich bald eine kleine, aber feine Manufaktur in Divišov, die auch Renn- und Geländesportmaschinen baute.

Für den Bahnsport – sprich Speedway, Eisspeedway und Langbahn – bot Jawa ab 1964 – gebaut bei ESO in Divišov – sowohl komplette Maschinen als auch nur Motoren zum Einbau in fremde Fahrgestelle an. Mit diesen Maschinen bzw. Motoren fuhren die Tschechen zwischen 1960 und 2000 insgesamt 37 Speedway-Weltmeisterschaften, 35 WM-Titel im Eisspeedway und sechs auf der Langbahn ein. Keine andere Marke war in irgendeiner

Motorradsportart derart dominierend. Neben vielen skandinavischen Stars gewann auch der Deutsche Egon Müller 1983 seinen Speedway-Weltmeistertitel auf Jawa.

Ein Großteil der bei Jawa hergestellten Motoren wurde in fremde Fahrgestelle eingesetzt. Wie etwa bei der hier abgebildeten deutschen Haruhschi-Speedwaymaschine aus dem Jahre 1975.

Nach der politischen Wende in Osteuropa, Anfang der 90er Jahre, ging es mit dem ESO-Werk rapide bergab. Es wurde weder in die Gebäude noch in die Maschinen investiert. Im Jahre 1994 wurde die Firma von fünf Privatleuten für etwa. 2,5 Millionen D-Mark gekauft und komplett umgekrempelt. Vorstandsvorsitzender wurde Evžen Erban, ein gelernter Kfz-Mechaniker, der bis zu einem schlimmen Sturz im Mai 1979 selbst aktiver Bahnfahrer war. Mit neuen Motoren gelang Jawa der nahtlose Übergang und die Marke blieb bis heute die absolute Nummer eins in Sachen Bahnsportmotoren. Die nachfolgend aufgeführten Maschinen können nur eine Auswahl der wichtigsten Typen sein.

Ganz anders verhielt sich die Sache im Trialsport. Serienmäßig boten hier weder CZ noch Jawa lange Jahre Maschinen an, für Eigenkonstruktionen waren aber vor allem die Crosser aus Strakonice eine ideale Basis. Von 1987 bis 1989 baute Jawa dann doch eine Trial-Maschine in Kleinserie, den Typ 680, zunächst mit 250 cm³, ab 1987 mit 280 cm³ Hubraum.

ESO 500 DT

Unter der technischen Leitung des ehemaligen Jawa-Rennfahrers Jaroslav Šimandl konstruierte und baute ESO in Divišov nach 1948 Speedwaymotoren mit 500 cm³ Hubraum, die den englischen JAP-Bahnmotoren nachempfunden wurden. Im Laufe der fünfziger Jahre etablierten sich die Viertakt-Einzylindermotoren von ESO im Bahnrennsport und wurden weltweit eingesetzt. Bald konnten auch komplette Maschinen geordert werden, die von den bekanntesten Speedwayfahrern rund um den Globus gefahren wurden. ESO legte damit die Basis für eine bis heute andauernde Erfolgsgeschichte tschechischer Bahnsportmotoren. Bis 1964 ließ man bei Jawa die Marke ESO bestehen, danach klebte der Jawa-Schriftzug an den Tanks der Maschinen. Stellvertretend für die vielen Bahnmaschinen von ESO/Jawa wird hier das Modell 500 DT (Typ 890) von 1964 vorgestellt.

Fahrzeugtyp	Bahnsport
Produktionszeit	1964–k. A.
Motor	1-Zylinder-4-Takt
Steuerung	ohv
Kühlung	Fahrtwind
Hubraum (cm³)	498
Bohrung/Hub (mm)	88/82 (83/91,5 Langbahn)
Leistung PS/1/min	50/7500
Verdichtung :1	k. A.
Getriebe	1–2-Gang
Rahmen	Rohrrahmen
Federung vorn	Telegabel
Federung hinten	keine
Reifen vorn	2.75 x 23
Reifen hinten	3.50-19
Bremse vorn	keine
Bremse hinten	keine
Leergewicht (kg)	83
Tankinhalt (Liter)	2
Höchstgeschw. (km/h)	k. A.
Verbrauch (l/100 km)	k. A.

Jawa Speedway Typ 894

Der Typ 890 blieb viele Jahre mit geringen Änderungen im Angebot, von ihm abgeleitet gab es die Typen 891 für Eisspeedway und 892 für Gras- und Sandbahnrennen. Diese Unterschiede wurden bei dem ab 1976 eingeführten neuen Modell beibehalten. Allerdings gab es nun keinen Langhubmotor mehr für die Langbahnrennen. Kernstück war auch hier wieder der neue Motor, der jetzt vier Ventile aufwies. Um die Nockenwellenzahnräder klein halten zu können, wurde die Drehzahl über ein großes Zahnrad direkt über der Kurbelwelle reduziert. Hinter dem Zahnrad befand sich ein Kettenritzel mit der Steuerkette, welche die beiden rollengelagerten obenliegenden Nockenwellen antrieb. Ebenfalls per Kette wurde die Ölpumpe und der auf der gleichen Welle befindliche Nocken für den Zündunterbrecher angetrieben. Zur Unterscheidung kam auf den klassischen Speedwaystrecken das Modell 894-1, beim Eisspeedway der Typ 895-1 und auf der Langbahn die Jawa 891-6 zum Einsatz.

Fahrzeugtyp	Bahnsport
Produktionszeit	1976–k. A.
Motor	1-Zylinder-4-Takt
Steuerung	dohc
Kühlung	Fahrtwind
Hubraum (cm³)	498
Bohrung/Hub (mm)	85/87
Leistung PS/1/min	56/7000 – 64/8000
Verdichtung :1	13–13,5
Getriebe	1–2-Gang
Rahmen	Rohrrahmen
Federung vorn	Telegabel
Federung hinten	keine (Schwinge bei Langbahn)
Reifen vorn	2.75 x 23
Reifen hinten	3.50 x 19 (2.75 x 22 Langbahn, 3.00 x 21 Eis)
Bremse vorn	keine
Bremse hinten	keine
Leergewicht (kg)	85,5–110
Tankinhalt (Liter)	2,5
Höchstgeschw. (km/h)	k. A.
Verbrauch (l/100 km)	k. A.

Jawa Typ 896

Der Jawa-Motor 896 kam im Jahre 1984 auf den Markt und war im Gegensatz zu seinem Vorgänger mit nur einer Nockenwelle ausgestattet. Der Kurbelmechanismus wurde mit einigen kleinen Änderungen übernommen. Völlig neu wurden Zylinder und Zylinderkopf konstruiert. Die vier Ventile wurden über Gabelkipphebel betätigt, die in Bronzebuchsen gelagert waren. Die Kipphebel hatten auf der Ventilseite Einstellschrauben für das Ventilspiel und auf der anderen Seite nadelgelagerte Rollen, mit denen sie auf der Nockenwelle abrollten. Der Zylinder hatte eine eingepresste Laufbuchse aus nickelhaltiger Speziallegierung. Der Antrieb der Nockenwelle erfolgte über eine gekapselte 3/8-Zoll-Kette, die durch einen Gleitspanner mit Teflonreibfläche geführt wurde. Die Nockenwelle wurde in mehreren Ausführungen angeboten, damit der Fahrer den Motor auf die jeweilige Bahn abstimmen konnte. Im Bild eine Langbahnmaschine mit Hinterradfederung aus dem Jahre 1987.

Fahrzeugtyp	Bahnsport
Produktionszeit	1984–k. A.
Motor	1-Zylinder-4-Takt
Steuerung	ohc
Kühlung	Fahrtwind
Hubraum (cm³)	498
Bohrung/Hub (mm)	85/87
Leistung PS/1/min	60/9000
Verdichtung :1	13,5
Getriebe	1–2-Gang
Rahmen	Rohrrahmen
Federung vorn	Telegabel
Federung hinten	keine (Schwinge bei Langbahn)
Reifen vorn	2.75 x 23
Reifen hinten	3.50 x 19 (2.75 x 22 Langbahn, 3.00 x 21 Eis)
Bremse vorn	keine
Bremse hinten	keine
Leergewicht (kg)	85,5–110
Tankinhalt (Liter)	2,5
Höchstgeschw. (km/h)	k. A.
Verbrauch (l/100 km)	k. A.

Foto: Bonhams

Jawa Typ 898

Der Motortyp 898 wurde für Speedway und der Typ 899 für die Langbahn konzipiert. Produktionsbeginn (Serie) der neuen Maschine war 1989. Geändert hatte sich nicht viel, die Leistung war auf 64 PS gestiegen, das Vorderrad wurde bei der Werksmaschine weiterhin von einer Telegabel geführt, es gab aber auch Ausführungen mit halblanger Schwinge. Der Rahmen wurde weiterhin aus Stahlrohr gefertigt, wobei Mittel- und Hinterteil verschraubt waren. Weiterhin holten die Jawa-Motoren ohne Unterbrechung jedes Jahr die WM-Titel im Speedway und Eisspeedway. Nach der politischen Wende wurde ESO in Divišov zwar 1990 wieder aus dem Jawa-Konzern ausgegliedert und agierte seither selbständig, behielt aber den seit Jahrzehnten gut eingeführten Markennamen Jawa bei.

Fahrzeugtyp	Bahnsport
Produktionszeit	1989–k. A.
Motor	1-Zylinder-4-Takt
Steuerung	ohc
Kühlung	Fahrtwind
Hubraum (cm³)	498
Bohrung/Hub (mm)	85/87
Leistung PS/1/min	64/8600
Verdichtung :1	13–14
Getriebe	1–2-Gang
Rahmen	Rohrrahmen
Federung vorn	Telegabel oder Schwinge
Federung hinten	keine (Schwinge bei Langbahn)
Reifen vorn	2.75 x 23
Reifen hinten	3.50 x 19 (2.75 x 22 Langbahn, 3.00 x 21 Eis)
Bremse vorn	keine
Bremse hinten	keine
Leergewicht (kg)	116
Tankinhalt (Liter)	2,5
Höchstgeschw. (km/h)	k. A.
Verbrauch (l/100 km)	k. A

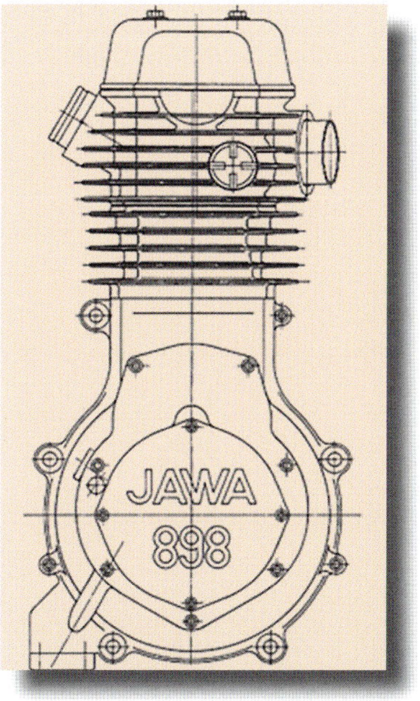

Jawa Typ 884

Nach dem Wegfall von Weslake dominierten im Bahnsport in den 1980er-Jahren der englische Godden- sowie der neue italienische GM-Motor. Weil deutlich günstiger als GM und Godden, etablierte sich in den 1990ern Jawa wieder als Marktführer. Dies vor allem nach dem Management-Bye-Out 1994 und der Präsentation des neuen Typs 884 im gleichen Jahr. Erstmals wurde der Motor stark nach vorn geneigt in eigene oder fremde Fahrgestelle eingebaut und die Vorderradschwinge war bei den vom ESO-Werk ausgelieferten Jawa-Bahnrennern serienmäßig. Allerdings waren komplette Fahrzeuge eher die Ausnahme, ESO-Jawa verstand sich mehr und mehr als Motorenlieferant. Und der neue Motor, der bis zu 70 PS leisten konnte, war in dem Jahrzehnt vor dem Jahrtausendwechsel nicht zu schlagen.

Fahrzeugtyp	Bahnsport
Produktionszeit	1994–k. A.
Motor	1-Zylinder-4-Takt
Steuerung	ohc
Kühlung	Fahrtwind
Hubraum (cm³)	494
Bohrung/Hub (mm)	85/87
Leistung PS/1/min	63–70/9500–10500
Verdichtung :1	13–15
Getriebe	1–2-Gang
Rahmen	Rohrrahmen
Federung vorn	Schwinge
Federung hinten	keine (Schwinge bei Langbahn)
Reifen vorn	2.75 x 23
Reifen hinten	3.50 x 19 (2.75 x 22 Langbahn, 3.00 x 21 Eis)
Bremse vorn	keine
Bremse hinten	keine
Leergewicht (kg)	k. A.
Tankinhalt (Liter)	2,5
Höchstgeschw. (km/h)	k. A.
Verbrauch (l/100 km)	k. A.

Eine Jawa 884 mit geänderter Vorderradschwinge. Jede dieser Maschinen war im Prinzip ein Unikat.

Jawa Typ 889

Die Jawa-Vorherrschaft wurde nach 2000 vom italienischen Hersteller GM abgelöst. Jawa geriet in finanzielle Schwierigkeiten, weil die Anpassung an die freie Marktwirtschaft nach dem Zusammenbruch des Ostblocks zu lange dauerte. Sie brachten keine Innovationen und die Aggregate litten an Qualitätsproblemen. Das galt vor allem für die Modelle 871 und 872, die von 2003 bis 2006 angeboten wurden, aber mit zu vielen Ausfällen zu kämpfen hatten.

Erst die 2016 eingeleitete Weiterentwicklung des Typs 889 führte Jawa wieder an die Weltspitze im Speedwaysport heran. Äußere Erkennungsmerkmale der Weiterentwicklung sind zum einen der jetzt mit Kühlrippen versehene Ventildeckel und die halbmondförmige Aussparung des Zylinderkopfes im Bereich des Nockenwellenzahnrades. Auch die Aussparung zur Führung des Zylinderkopfes auf dem Zylinder und der Dichtung ist entfallen.

Fahrzeugtyp	Bahnsport
Produktionszeit	1995–k. A.
Motor	1-Zylinder-4-Takt
Steuerung	ohc
Kühlung	Fahrtwind
Hubraum (cm³)	494
Bohrung/Hub (mm)	90/77,6
Leistung PS/1/min	68/ k. A.
Verdichtung :1	13,5–16
Getriebe	k. A.
Rahmen	Rohrrahmen
Federung vorn	Schwinge
Federung hinten	keine
Reifen vorn	2.75 x 23
Reifen hinten	3.50 x 19
Bremse vorn	keine
Bremse hinten	keine
Leergewicht (kg)	k. A.
Tankinhalt (Liter)	2,5
Höchstgeschw. (km/h)	k. A.
Verbrauch (l/100 km)	k. A.

Jawa 250 Trial (Typ 680)

Der Trialsport fand schon immer im Schatten der großen Rennveranstaltungen auf der Straße oder im Gelände statt. Entsprechend verhielten sich die Motorradhersteller – nur wenige Spezialisten boten Trial-Maschinen in Kleinserie an. Bei Jawa war es zum Beispiel so, dass in Eigeninitiative immer schon Trial-Maschinen entstanden waren, nicht selten in einer Bauteilemischung mit CZ- und MZ-Komponenten. 1983 begann dann die Entwicklung einer Kleinserienmaschine, die ab 1987 bei internationalen Wettbewerben zu sehen war. Die Motorbasis war ein 125er Enduromotor, der durch Vergrößerung von Bohrung und Hub auf 246 cm³ gebracht, insgesamt aber sehr kompakt gehalten wurde. Ab 1988 wurde die Maschine versuchsweise auch mit einem 280-cm³ großen Motor mit Membraneinlass eingesetzt, die dann bis 1989 ebenfalls in Kleinserie gebaut wurde.

Fahrzeugtyp	Trial
Produktionszeit	1987–1989
Motor	1-Zylinder-2-Takt
Steuerung	Schlitz
Kühlung	Fahrtwind
Hubraum (cm³)	246
Bohrung/Hub (mm)	70/64
Leistung PS/1/min	k. A.
Verdichtung :1	k. A.
Getriebe	6-Gang
Rahmen	Rohrrahmen mit Unterzug
Federung vorn	Telegabel
Federung hinten	Schwinge mit Zentralfederbein
Reifen vorn	2.75 x 21
Reifen hinten	4.00 x 18
Bremse vorn	Scheibe 180 mm
Bremse hinten	Trommel 125 mm
Leergewicht (kg)	85
Tankinhalt (Liter)	3,2
Höchstgeschw. (km/h)	k. A.
Verbrauch (l/100 km)	k. A.

Jawa-Straßen-rennmaschinen

Jawa baute bereits vor dem Zweiten Weltkrieg eine ganze Reihe Rennmodelle für Straßen-, Berg- und Bahnrennen auf. Diese, teils mit Pressstahl-, teils mit Rohrrahmen ausgerüstet, hatten eigene ohv-Motoren mit 172, 248, 348 und 498 cm³ Hubraum, getrennte Getriebe und Kettenantrieb zum Hinterrad. Es gab auch einige Exemplare mit 548-cm³- und 598-cm³-Einzylinder-ohv-Motoren (meistens für Bahn- und Bergrennen) sowie 172-cm³-Zweitakter mit Villiers-Motoren und auch eigenen luft- und wassergekühlten Zweitakt-Versionen. In der Rennabteilung wurden auch Maschinen für Wertungsfahrten vorbereitet, und jahrelang war Jawa der einzige tschechoslowakische Vertreter bei der internationalen Sechstagefahrt. Wobei die dafür genutzten Maschinen oft dieselben waren, die in Straßenrennen antraten, was damals im Übrigen auch für die Fahrer galt. Zu den erfolgreichen Jawa-Rennfahrern der Vorkriegszeit gehörte auch der Deutsche Hermann Gunzenhauser (siehe Foto).

Die verstaatlichte tschechoslowakische Motorradindustrie hat dann im Verlauf der Nachkriegsjahre unter den Markenbezeichnungen CZ und Jawa Ein- und Mehrzylinder-Rennmotoren in verschiedenen Hubraumgrößen als Zwei- und Viertakter gebaut, obwohl die Serienmaschinen, die die gleichen Markenzeichen trugen, fast durchweg mit Zweitaktmotoren ausgerüstet waren. Im Gelände- und Motocross-Sport haben modifizierte Versionen auch international beachtliche Erfolge, u. a. mehrmals den Trophy-Sieg bei der Internationalen Sechstagefahrt, erringen können. Aber auch im Straßen-

rennsport trumpften die tschechischen Maschinen groß auf, ein WM-Titel blieb ihnen aber – ähnlich wie MZ – leider verwehrt. Die Plätze zwei und drei in der Endabrechnung der 350er Klasse 1961 durch František Šťastný und Gustav Havel waren ebenso herausragend wie Šťastnýs insgesamt vier Grand-Prix-Siege und 21 Podestplatzierungen in den Klassen 350 und 500 cm³.

Nachfolgend eine Auswahl der wichtigsten Rennprototypen und Kleinserien-Rennmaschinen, die Jawa zwischen 1961 und 1976 gebaut hat.

Jawa 350 R Viertakt-Twin

Die wohl erfolgreichste Rennmaschine der Tschechen war die 1961 und 1962 an den Start geschobene 350er mit dohc-Motor. Der Parallel-Zweizylinder war mit dem Sechsganggetriebe zu einem Block vereinigt. Die beiden einzeln stehenden Zylinder, die leicht nach vorn geneigt waren, hatten einen relativ großen Mittenabstand, was kleinere, aber breite Innenschwungmaße ermöglichte, durch die wiederum kleine Gehäuseabmessungen entstanden. Von der aus vier Teilen zusammengesetzten Kurbelwelle erfolgte der Primärantrieb linksseitig über einen Stirnradsatz zum Getriebe, während rechtsseitig der Antrieb der Ventilsteuerung, des Unterbrechers der Batteriezündung und der Ölpumpe erfolgte. Jeder der aus Leichtmetallguss bestehenden, mit einer eingepressten Laufbuchse ausgerüsteten Zylinder hatte seinen eigenen Zylinderkopf, in dem zwei 10er Zündkerzen (Doppelzündung) saßen.

Eine Druckumlaufschmierung mit zwei Ölpumpen versorgte alle Motorschmierstellen, das Getriebe und die Kupplung. Zwei Amal-GP-Rennvergaser lieferten das Kraftstoff/Luft-Gemisch.

Fahrzeugtyp	Straßenrennmaschine
Produktionszeit	1961–1962
Motor	2-Zylinder-4-Takt
Steuerung	dohc
Kühlung	Fahrtwind
Hubraum (cm³)	350
Bohrung/Hub (mm)	59/63,6
Leistung PS/1/min	49/10300
Verdichtung :1	10,6
Getriebe	6-Gang
Rahmen	Stahlrohr
Federung vorn	Telegabel
Federung hinten	Schwinge mit Federbeinen
Reifen vorn	3.00 x 19
Reifen hinten	3.00 x 19
Bremse vorn	Trommel
Bremse hinten	Trommel
Leergewicht (kg)	k. A.
Tankinhalt (Liter)	k. A.
Höchstgeschw. (km/h)	185
Verbrauch (l/100 km)	k. A.

Jawa 250 Junior (Typ 675)

Zum Ende der 1960er Jahre hin hatten sich die Jawa-Ingenieure längst vom Viertaktmotor verabschiedet und es entstanden bis Anfang der 1970er Jahre zahllose Rennmaschinen-Versuche, sowohl als Prototypen wie auch als Production Racer und Maschinen für den Nachwuchsbereich. Zu letztgenannter Kategorie gehörte eine 1967 aufgelegte 250-cm³-Rennmaschine mit konventionell schlitzgesteuertem und luftgekühltem Einzylinder-Zweitaktmotor. Das Auffälligste an dieser Maschine war zweifellos der »Bananenrahmen«, der schon von den Geländesportmaschinen her bekannt war und gute Fahreigenschaften garantierte. Mit ihren gerade mal 31 PS war die Maschine für regionale Nachwuchsrennen konzipiert, international war damit kein Blumentopf zu gewinnen.

Der auch von anderen Jawa-Modellen her bekannte »Bananenrahmen« bildete das Grundgerüst der Jawa 250 Junior.

Fahrzeugtyp	Straßenrennmaschine
Produktionszeit	1967–k. A.
Motor	1-Zylinder-2-Takt
Steuerung	Schlitz
Kühlung	Fahrtwind
Hubraum (cm³)	250
Bohrung/Hub (mm)	70/64
Leistung PS/1/min	31/7250
Verdichtung :1	k. A.
Getriebe	5-Gang
Rahmen	Rückgrat-Rohrrahmen
Federung vorn	Telegabel
Federung hinten	Schwinge mit Federbeinen
Reifen vorn	2.75 x 18
Reifen hinten	3.00 x 18
Bremse vorn	Trommel
Bremse hinten	Trommel
Leergewicht (kg)	100
Tankinhalt (Liter)	k. A.
Höchstgeschw. (km/h)	200
Verbrauch (l/100 km)	k. A.

Die ab 1967 in Kleinserie gebaute Jawa 250 Junior sollte den Nachwuchs in der Tschechoslowakei und auch in einigen Exportländern an den Straßenrennsport heranführen.

Jawa 350 V 4 (Typ 673)

1968 erschien die Marke Jawa mit einer aufsehenerregenden Neukonstruktion: einem Vierzylinder-Zweitakter, wassergekühlt, der aus zwei miteinander gekoppelten und über eine Vorgelegewelle und die trockenlaufende Mehrscheibenkupplung auf ein gemeinsames Siebengang-Getriebe arbeitenden 60°-V-Motoren aufgebaut war. Je ein Plattendrehschieber steuerte den Einlass ins Kurbelgehäuse aus einem eigenen Dellorto- oder Amal-Vergaser. Der Triebwerksblock saß, mittragend, im unten offenen Chrom/Molybdän-Doppelrohrrahmen. Vorn war eine ölgedämpfte Teleskopgabel eigener Fertigung, hinten die zeitgemäße, mit Federbeinen gegen das Rahmenheck abgestützte Langschwinge vorgesehen. Mächtige Leichtmetall-Vollnabenbremsen (vorn aus Elektron) dienten als »Stopper«, die Vorderradbremsnabe enthielt zwei Duplex-Bremsen (also vier Backen), hinten verzögerte eine einfache Duplexbremse mit 200 mm Durchmesser.

Fahrzeugtyp	Straßenrennmaschine
Produktionszeit	1968–k. A.
Motor	4-Zylinder-2-Takt
Steuerung	Drehschieber/Schlitz
Kühlung	Wasser
Hubraum (cm³)	344
Bohrung/Hub (mm)	48/47,6
Leistung PS/1/min	70/13000
Verdichtung :1	k. A.
Getriebe	7-Gang
Rahmen	Doppelrohr
Federung vorn	Telegabel
Federung hinten	Schwinge mit Federbeinen
Reifen vorn	k. A.
Reifen hinten	k. A.
Bremse vorn	Trommel 230 mm
Bremse hinten	Trommel 200 mm
Leergewicht (kg)	140
Tankinhalt (Liter)	28
Höchstgeschw. (km/h)	230
Verbrauch (l/100 km)	k. A.

František Štastny und der Konstrukteur der Vierzylinder-Rennmaschine Jan Krivka zu Testfahrten 1968 auf dem Motodrom von Hockenheim.

Mit der neuen Vierzylinder-Zweitakt-Jawa konnten erst František Štastny (1968) und zwei Jahre später der Italiener Silvio Grassetti in der 350er Klasse der Motorrad-WM im Vorderfeld mitfahren.

Jawa 250 / 350 »Vodnik« (Typ 676)

In der Fortführung der Junior-Entwicklung entstanden zwischen 1969 und 1971 weitere Rennmaschinen als Production Racer für Privatfahrer und für den Nachwuchsbereich. Im Gegensatz zum Juniormodell von 1967 hatten diese Maschinen eine Wasserkühlung mit dem einfachen Thermosiphon-System, was ihnen die Zusatzbezeichnung »Vodnik« einbrachte. Anfangs noch im Bananenrahmen, saß das Triebwerk bald in einem Doppelrohrrahmen. Die Einzylinder-Zweitakter mit 250 und 350 cm³ hatten eine Einlassteuerung mittels Plattendrehschieber oder waren konventionell durch den Kolben (Schlitz) gesteuert. Außerdem gab es wahlweise eine kontaktgesteuerte Magnet- oder Batteriezündung. 1971 tauchte auch eine Zweizylinder-Maschine mit Kröber-Elektronikzündung und Pumpenumlauf für die Wasserkühlung auf. Die Bilder zeigen die konventionell gesteuerten Einzylinder-Maschinen mit 250 cm³ (Datentabelle) und die 350er im Rohrrahmen-Fahrgestell.

Fahrzeugtyp	Straßenrennmaschine
Produktionszeit	1968–1971
Motor	1-Zylinder-2-Takt
Steuerung	Schlitz
Kühlung	Wasser
Hubraum (cm³)	250
Bohrung/Hub (mm)	70/64
Leistung PS/1/min	36/8000
Verdichtung :1	k. A.
Getriebe	5-Gang
Rahmen	Doppelrohr
Federung vorn	Telegabel
Federung hinten	Schwinge mit Federbeinen
Reifen vorn	2,75 x 18
Reifen hinten	3,00 x 18
Bremse vorn	Trommel
Bremse hinten	Trommel
Leergewicht (kg)	100
Tankinhalt (Liter)	k. A.
Höchstgeschw. (km/h)	200
Verbrauch (l/100 km)	k. A.

98
David Zemánek
David Zemánek
JAWA

acing.net
98
ANNONCE
FERODO

Jawa 250 Typ 672

1976 versuchte Jawa noch einmal mit einer neu konstruierten Zweitakt-Rennmaschine an frühere Erfolge anzuknüpfen, was letztlich nicht gelang. Der Parallel-Twin – als Ultra-Kurzhuber ausgelegt – mit Wasserkühlung und Plattendrehschieber-Einlass wurde von zwei 34er Mikuni-Vergasern gespeist und leistete rund 60 PS. Praktisch handelte es sich um zwei selbständige, in der Mitte gekoppelte und die Kraft über die Primärübersetzung und die trocken laufende Kupplung auf das Getriebe übertragende Kurbelwellen. Eine kontaktlose Kröber-Zündung lieferte die Funken. Am Doppelrohrrahmen aus Chrom/Molybdänstahl hing vorn eine ölgedämpfte Telegabel mit 100 mm Federweg und hinten eine Schwinge aus Rechteckprofil. Leichtmetallräder und hydraulisch betätigte Scheibenbremsen vorn und hinten vervollständigten das Fahrwerk.

Fahrzeugtyp	Straßenrennmaschine
Produktionszeit	1976
Motor	2-Zylinder-2-Takt
Steuerung	Plattendrehschieber/Schlitz
Kühlung	Wasser
Hubraum (cm^3)	250
Bohrung/Hub (mm)	56/50
Leistung PS/1/min	60/12000
Verdichtung :1	7,5
Getriebe	6-Gang
Rahmen	Doppelrohr
Federung vorn	Telegabel
Federung hinten	Schwinge mit Federbeinen
Reifen vorn	3.25 x 18
Reifen hinten	3.25 x 18
Bremse vorn	Doppelscheibe 270 mm
Bremse hinten	Scheibe 230 mm
Leergewicht (kg)	110
Tankinhalt (Liter)	23
Höchstgeschw. (km/h)	240
Verbrauch (l/100 km)	k. A.

Die Jawa-Werksrennmaschine vom Typ 672 leistete sogar noch etwas über 60 PS, konnte aber trotz durchaus moderner Renntechnik international nicht mehr mithalten.

Die Serien- maschinen nach 1990

© David M. Bodlak

Jawa beschäftigte in den 1980er Jahren knapp 2000 Mitarbeiter, die jährlich rund 100.000 motorisierte Zweiräder von den Montagebändern laufen ließen. Allein bis zu 90 Prozent (!) dieser Maschinen wurden in die Sowjetunion exportiert. Mit den politischen Veränderungen im gesamten Ostblock sollte sich das ab 1990 gravierend ändern. Nach großen Protestaktionen im November 1989 wurden im Dezember 1990 die ersten freien Wahlen in dem jetzt CSFR genannten Land durchgeführt und der Bürgerrechtler Václav Havel zum Präsidenten gewählt. Wenig später trennten sich Tschechien und die Slowakei in zwei unabhängige Staaten. Diese Veränderungen hatten erhebliche Auswirkungen auf die tschechische Wirtschaft, unter denen natürlich auch die Jawa-Werke zu leiden hatten.

Im gesamten Ostblock, dem bisherigen Hauptabsatzgebiet von Jawa-Motorrädern, konnten jetzt moderne und schicke Motorräder westlicher Herkunft, allen voran der vier großen japanischen Hersteller, gekauft werden. Tschechische Zweitakter waren da kaum noch gefragt. Die Produktionszahlen waren im Sinkflug, 1991 verließen nur noch rund 20.000 Maschinen das Werk, Tendenz weiter fallend. Jawa und CZ versuchten durch Kooperation Kosten zu sparen, unterhielten eine gemeinsame Konstruktionsabteilung und übernahmen Montagearbeiten der jeweils anderen Marke. Das Hauptprodukt bei Jawa blieb weiterhin die 350-cm³-Maschine, die immer noch mit dem in seiner Basis seit Jahrzehnten unveränderten Zweizylinder-Zweitaktmotor ausgestattet war. Das galt auch für die seit 1991 eingeführte Typenreihe 640, die in den Folgejahren in verschiedenen Modellvarianten angeboten wurde.

Erst 1997 war die Privatisierung von Jawa mit der Gründung der Jawa Moto spol. s. r.o. am neuen Standort Týnci nad Sázavou abgeschlossen. Die Produktion konnte sich mit der Einführung neuer 250- und 125-cm³-Modelle einigermaßen stabilisieren, wenngleich man weit entfernt von den früheren Zeiten war und bis heute blieb. 2017 lag die Jahresproduktion bei etwa 1.300 Maschinen. Das änderte sich auch mit dem erweiterten Angebot moderner Viertaktkonstruktionen nicht.

Jawa TS 350 (Typ 639)

Zur Saison 1990, immer noch im Sozialismus-Modus, wertete Jawa das Modell 638 optisch mit neuer Lackierung, einer Lenkerverkleidung und neuen Schaltarmaturen auf. Technisch wurde das immer noch viergängige Getriebe verstärkt, das Vorderrad erhielt serienmäßig eine Scheibenbremse, die Federbeine wurden verstärkt und der Auspuff auf westeuropäische Geräuschnorm getrimmt. Optisch war die Maschine für die 90er Jahre gerüstet, der Zweitakter passte da aber schon nicht mehr in die Zeit. Der Motorrad Katalog schrieb 1991 noch das, was man schon seit Jahrzehnten über Jawa-Motorräder schrieb: »Eine robuste Maschine«. 1993 stellte man dem Tourenmodell noch eine Chopper-Variante mit der Typenbezeichnung 639-2 an die Seite, die – technisch im Wesentlichen identisch – bis 2005 im Programm blieb, während die Basismaschine nur bis 1998 überlebte.

Fahrzeugtyp	Motorrad
Produktionszeit	1990–2005
Motor	2-Zylinder-2-Takt
Steuerung	Umkehrspülung
Kühlung	Fahrtwind
Hubraum (cm³)	343
Bohrung/Hub (mm)	58/65
Leistung PS/1/min	27/5500
Verdichtung :1	10,2
Getriebe	4-Gang
Rahmen	Rohrrahmen
Federung vorn	Telegabel
Federung hinten	Schwinge mit Federbeinen
Reifen vorn	3.25 x 18
Reifen hinten	3.50 x 18
Bremse vorn	Scheibe 265 mm
Bremse hinten	Trommel 160 mm
Leergewicht (kg)	166
Tankinhalt (Liter)	17
Höchstgeschw. (km/h)	125
Verbrauch (l/100 km)	5,5

Jawa 350 Klassik / Style / Sport (Typ 640)

1991 brachte Jawa mit dem Typ 640 ein »neues« Modell heraus, wobei man sich fragen muss, was denn neu an diesen Maschinen war. Vielleicht, dass sie in den drei Designvarianten Klassik, Style und Sport angeboten wurden und sich deshalb optisch ein wenig vom Vorgängermodell 639 absetzten. Die technischen Daten waren jedenfalls nahezu identisch. Je nach Exportland und Ausführung wurde der Motor mit 23, 24,5 oder 27 PS geliefert, das Getriebe wies weiterhin vier Gänge auf. Das galt auch für das Modell »Sport«, das mit seiner Vollverkleidung und der sportlichen Auspuffanlage an eine japanische Rennmaschine erinnerte, tatsächlich aber ein gemütliches Alltagsmotorrad mit gutem Wetterschutz war. Während die Klassik-Variante mit Drahtspeichenrädern ausgerüstet war, konnten die verschiedenfarbigen Style-Typen auch mit Gussrädern geordert werden, die in der Sportversion Standard waren.

Fahrzeugtyp	Motorrad
Produktionszeit	1991–2005
Motor	2-Zylinder-2-Takt
Steuerung	Umkehrspülung
Kühlung	Fahrtwind
Hubraum (cm³)	344
Bohrung/Hub (mm)	58/65
Leistung PS/1/min	23/5250 – 27/5500
Verdichtung :1	9,8
Getriebe	4-Gang
Rahmen	Rohrrahmen
Federung vorn	Telegabel
Federung hinten	Schwinge mit Federbeinen
Reifen vorn	3.25 x 18
Reifen hinten	3.50 x 18
Bremse vorn	Scheibe 265 mm
Bremse hinten	Trommel 160 mm
Leergewicht (kg)	162
Tankinhalt (Liter)	17
Höchstgeschw. (km/h)	130
Verbrauch (l/100 km)	3,9

Jawa 250 Tempo / Master / Supermaster (Typ 593)

Die Jawa 593 war der Versuch von Jawa, eine Maschine mit modernerem Motor anzubieten. Zum Einsatz kam der wassergekühlte 250er Einzylinder aus der Enduro Vodnik mit Membraneinlass und Alu-Zylinder der späten 80er Jahre, der auf 27 PS gezähmt wurde. Endlich wurde ein Fünfganggetriebe verbaut, gestartet wurde elektrisch oder mit dem Kickstarter. Während vorn die Telegabel der aktuellen 350er verbaut war, arbeitete hinten ein Zentralfederbein mit Druckluft-Unterstützung, das über ein nadelgelagertes Kniegelenk an der Schwinge angelenkt war.

Die Maschinen wurden von 1994 bis 1996 in drei Versionen angeboten. Die Version »Tempo« mit Halbverkleidung stand in Deutschland als »Jawa City Enduro 593« für 5.300 Mark im Motorrad Katalog. Etwa 2200 Maschinen des Typs sollen gebaut worden sein.

Fahrzeugtyp	Motorrad
Produktionszeit	1994–1996
Motor	1-Zylinder-2-Takt
Steuerung	Membran/Umkehrspülung
Kühlung	Fahrtwind
Hubraum (cm³)	285
Bohrung/Hub (mm)	70/64
Leistung PS/1/min	27/7000
Verdichtung :1	k. A.
Getriebe	5-Gang
Rahmen	Rohrrahmen mit Unterzügen
Federung vorn	Telegabel
Federung hinten	Zentralfederbein
Reifen vorn	90/90-18
Reifen hinten	100/90-18
Bremse vorn	Scheibe 265 mm
Bremse hinten	Trommel 160 mm
Leergewicht (kg)	132
Tankinhalt (Liter)	17
Höchstgeschw. (km/h)	135
Verbrauch (l/100 km)	4

Jawa Mosquito / Mosquito II (Typ 585)

Neben dem immer noch produzierten Mofa stellte Jawa 1994 eine neue 50er vor, die es mit offener Motorleistung oder in der leistungsreduzierten Mokick-Version gab. Mosquito oder Mosquito II nannten die Tschechen diese Maschinchen, die in Deutschland als Jawa D 50 ab 2.700 Mark angeboten wurden. Der Motorradkatalog schrieb dazu: Als Preisbrecher will sich Jawa auch mit dem neuen Mokick profilieren. Wo sonst bekommt man für den Preis zwei Sitzplätze, Aluminium-Druckgussräder, Scheibenbremse vorn, hydraulische Trommelbremse hinten und Fünfgang-Getriebe? Da kann man die Mischungsschmierung des luftgekühlten Zweitakters, der mit Bing-Vergaser und elektronischer Zündung ausgestattet ist, schon in Kauf nehmen.

Fahrzeugtyp	Leichtkraftrad / Mokick
Produktionszeit	1994–2001
Motor	1-Zylinder-2-Takt
Steuerung	Umkehrspülung
Kühlung	Fahrtwind
Hubraum (cm³)	49
Bohrung/Hub (mm)	k. A.
Leistung PS/1/min	5,4/7500 / 2,2/4750
Verdichtung :1	k. A.
Getriebe	5-Gang
Rahmen	Rohrrahmen
Federung vorn	Telegabel
Federung hinten	Schwinge mit Federbeinen
Reifen vorn	k. A.
Reifen hinten	k. A.
Bremse vorn	Scheibe
Bremse hinten	Trommel
Leergewicht (kg)	72 / 70
Tankinhalt (Liter)	k. A.
Höchstgeschw. (km/h)	78 / 40
Verbrauch (l/100 km)	k. A.

Jawa 350 Tramp / Californian (Typ 640)

1995 wurde die Palette der 350er Zweitaktmaschinen vom Typ 640 durch das Modell »Tramp« erweitert. Zweifellos versuchte sich Jawa hier an dem international wachsenden Erfolg der Reiseenduros zu orientieren. Ein wenig Africa Twin, ein wenig Transalp und natürlich hat man beim Design auch nach der BMW R 1100 GS geschielt. Nützte aber alles nichts, die alte Jawa blieb die alte Jawa, mit einem Motor, der inzwischen über 40 Jahre alt war, jetzt aber wenigstens serienmäßig durch eine Getrenntschmierung mit Frischöl versorgt wurde. 1999 gesellte sich schließlich noch das Chopper-Modell »Californian« dazu, das in seiner Optik sehr der 639-2 Chopper ähnelte.

Jawa tat sich schwer, die alten Zweitakt-Maschinen noch an den Mann zu bringen. Zwar hatte man mit der Türkei oder dem Irak neue Märkte erschlossen; die konnten die alten osteuropäischen Handelsverbindungen aber nicht annähernd ersetzen.

Fahrzeugtyp	Motorrad
Produktionszeit	1995–2005 / 1999–2005
Motor	2-Zylinder-2-Takt
Steuerung	Umkehrspülung
Kühlung	Fahrtwind
Hubraum (cm³)	344
Bohrung/Hub (mm)	58/65
Leistung PS/1/min	23/5250 – 27/5500
Verdichtung :1	9,8
Getriebe	4-Gang
Rahmen	Rohrrahmen
Federung vorn	Telegabel
Federung hinten	Schwinge mit Federbeinen
Reifen vorn	3.25 x 18
Reifen hinten	3.50 x 18
Bremse vorn	Scheibe 265 mm
Bremse hinten	Trommel 160 mm
Leergewicht (kg)	162
Tankinhalt (Liter)	17
Höchstgeschw. (km/h)	130
Verbrauch (l/100 km)	3,9

Jawa 125 Travel / Chopper (Typ 810)

125er Motorräder durften in den 90er Jahren in Deutschland alle diejenigen fahren, die ihren Pkw-Führerschein vor dem 1. April 1980 gemacht hatten. Mit dieser Regelung schaffte der Gesetzgeber – zumindest kurzfristig – eine große Nachfrage nach Motorrädern mit 125 cm³ Hubraum. Und es waren vor allem gestandene Herren, die plötzlich Motorrad fahren durften, ohne extra einen Führerschein machen zu müssen. Am meisten gefragt waren Chopper, und Jawa wollte von diesem Kuchen gerne ein paar Stückchen abhaben. Ein wenig spät allerdings, der 125er Boom war schon am Abklingen, kamen ab 1997 die Jawa-Modelle Chopper und Travel heraus. Dabei bedienten sich die Tschechen einem älteren Honda-Motor, den sie in einen einfachen Einrohrrahmen und ein konventionelles Fahrwerk setzten. Die Designs waren den 350er-Typen Style und Chopper angepasst.

Fahrzeugtyp	Leichtkraftrad
Produktionszeit	1997–2005
Motor	1-Zylinder-4-Takt
Steuerung	ohv/2
Kühlung	Fahrtwind
Hubraum (cm³)	124
Bohrung/Hub (mm)	56,5/49,5
Leistung PS/1/min	10/6700
Verdichtung :1	9
Getriebe	5-Gang
Rahmen	Rohrrahmen
Federung vorn	Telegabel
Federung hinten	Schwinge mit Federbeinen
Reifen vorn	3.50-18 / 3.50-16
Reifen hinten	3.50-18 / 3.50-16
Bremse vorn	Scheibe
Bremse hinten	Trommel
Leergewicht (kg)	122
Tankinhalt (Liter)	13,5 / 17
Höchstgeschw. (km/h)	103
Verbrauch (l/100 km)	2,8

Jawa 125 Dandy / Sport / Dakar (Typ 812)

Ab 1998 ließ Jawa eine neue Modellreihe unter der Typenbezeichnung 812 mit dem 125er Honda-Motor, der inzwischen in Taiwan gefertigt wurde, entstehen. Den Anfang machte die 125er Dandy, die in Deutschland als »Buffalo Dandy« oder später Funbike 125 verkauft wurde. Die Maschine in neuem Outfit und geändertem Chassis lief einige Jahre parallel zu den 810er Typen vom Band. Die dann aber 2004 bzw. 2005 mit den 812er Modellen Sport und Dakar endgültig abgelöst wurden. Bei allen drei Maschinen der Typenreihe 812 waren die Motordaten identisch, lediglich das Fahrwerk wies geringe Unterschiede auf (die Tabelle zeigt die Daten des Modells Dandy) Und mit inzwischen 13,6 PS waren die Maschinen ordentlich motorisiert. Was aber nichts daran änderte, dass die große Zeit der 125er schon wieder vorbei war und die nicht billigen 125er Jawas nur noch schwer an den Mann bzw. die Frau zu bringen waren.

Fahrzeugtyp	Leichtkraftrad
Produktionszeit	1998–2008 / 2004–2008 / 2005–2008
Motor	1-Zylinder-4-Takt
Steuerung	ohv/2
Kühlung	Fahrtwind
Hubraum (cm³)	124
Bohrung/Hub (mm)	56,5/49,5
Leistung PS/1/min	13,6/7000
Verdichtung :1	9
Getriebe	5-Gang
Rahmen	Rohrrahmen
Federung vorn	Telegabel
Federung hinten	Schwinge mit Federbeinen
Reifen vorn	3.50-18
Reifen hinten	3.50-18
Bremse vorn	Scheibe
Bremse hinten	Trommel
Leergewicht (kg)	124
Tankinhalt (Liter)	6,5
Höchstgeschw. (km/h)	95
Verbrauch (l/100 km)	2,9

Jawa 50 Dandy

Man erinnert sich an die Mofa-Regelung, die in der Bundesrepublik in den 1960er Jahren praktisch die Rückkehr zum einfachen Moped bedeutete. Unter anderem waren Pedale und eine Höchstgeschwindigkeit von 25 km/h vorgeschrieben, Regelungen, die bis 1990 galten. Danach blieb zwar die Geschwindigkeit für die steuer- und zulassungsfreien Fahrzeuge bestehen, Pedale mussten sie aber nun nicht mehr haben. Das war die Geburtsstunde der Mofa-Roller in Deutschland, die bald den Markt überschwemmten. Und in deren Schatten auch eine Rollerflut im Mokick- und Kleinkraftradbereich mit 50 cm^3 den Markt überschwemmte. Jawa folgte diesem Trend der meist aus Fernost kommenden Roller nicht und präsentierte 1999 zwei klassische 50er mit 4,1 PS (Minarelli-Motor) oder 6 PS (Sachs-Motor) im Design der 125er Dandy. Die Maschinen waren in erster Linie für das Inlandsgeschäft gedacht.

Fahrzeugtyp	Kleinkraftrad
Produktionszeit	1999–
Motor	1-Zylinder-2-Takt
Steuerung	Umkehrspülung
Kühlung	Fahrtwind
Hubraum (cm^3)	49
Bohrung/Hub (mm)	k. A.
Leistung PS/1/min	4,1/5700 / 6/8700
Verdichtung :1	k. A.
Getriebe	5-Gang
Rahmen	Rohrrahmen
Federung vorn	Telegabel
Federung hinten	Zentralfederbein
Reifen vorn	k. A.
Reifen hinten	k. A.
Bremse vorn	Scheibe
Bremse hinten	Trommel
Leergewicht (kg)	70
Tankinhalt (Liter)	k. A.
Höchstgeschw. (km/h)	75 / 85
Verbrauch (l/100 km)	k. A.

Jawa Robby (Typ 587 / 588)

Zur Erinnerung an die erfolgreiche Jawa Robot brachten die Tschechen 1999 eine leichte Hunderter mit der Bezeichnung Robby vor allem auf den inländischen Markt. Das war schon sehr ungewöhnlich, zumal 100 Kubikzentimeter zumindest in Europa längst keine gängige Kategorie mehr war. Immerhin stammte der OHC-Motor einst von der Honda ST 70 und wurde jetzt bei Linhai in China unter anderem für Jawa gefertigt.

2001 folgte die Robby-Typenreihe 588 mit dem ebenfalls ursprünglich von Honda stammenden 50-cm³-Viertaktmotor. Diese kleinen Maschinen wurden viele Jahre lang (später mit EU-tauglicher Abgasreinigung) in drei Versionen als Streetfighter, Enduro und Moto-Cross-Maschine angeboten.

Fahrzeugtyp	Leichtkraftrad/ Kleinkraftrad
Produktionszeit	1999– / 2001–
Motor	1-Zylinder-4-Takt
Steuerung	ohc
Kühlung	Fahrtwind
Hubraum (cm³)	97 / 49,5
Bohrung/Hub (mm)	50/49 / 39/41,4
Leistung PS/1/min	7,5/8000 / 3,3/8500
Verdichtung :1	8,8 / 8,5
Getriebe	4-Gang
Rahmen	Rohrrahmen
Federung vorn	Telegabel
Federung hinten	Schwinge mit Federbeinen
Reifen vorn	2,5 x 16
Reifen hinten	3,00 x 16
Bremse vorn	Scheibe 200 mm
Bremse hinten	Trommel 124 mm
Leergewicht (kg)	82 / 87
Tankinhalt (Liter)	6,5
Höchstgeschw. (km/h)	80 / 48
Verbrauch (l/100 km)	1,7 / k. A.

Jawa 650 Style / Classic / Bizon (Typ 836)

Die Tschechen mussten sich etwas einfallen lassen, nachdem ihre 350er Zweitaktmaschine in den meisten westlichen Ländern auf Grund verschärfter Abgasbestimmungen nicht mehr angeboten werden durfte. Die Lösung war der Rotax-Einzylinder-Vierventilmotor, den man schon aus der Aprilia Pegaso und der BMW F 650 kannte. Dort war er mit seinen 48 PS die Zuverlässigkeit in Person und das blieb er auch bei den verschiedenen Jawa-Modellen der nächsten Jahre. Das waren zunächst ab 2004 die Modelle »Classic« und »Bizon« in Cruiser-Optik und ab 2005 die Variante »Style« als nackte Tourenmaschine. In Deutschland gehörten die Maschinen mit unter 5000 Euro zu den preisgünstigsten ihrer Klasse, weshalb die Kritiker ob der billigen Anbauteile und der teils mangelnden Verarbeitung ein Auge zudrückten.

Fahrzeugtyp	Motorrad
Produktionszeit	2004–2008
Motor	1-Zylinder-4-Takt
Steuerung	dohc/4
Kühlung	Wasser
Hubraum (cm^3)	652
Bohrung/Hub (mm)	100/83
Leistung PS/1/min	48/6500
Verdichtung :1	9,7
Getriebe	5-Gang
Rahmen	Rohrrahmen
Federung vorn	Telegabel
Federung hinten	Schwinge mit Federbeinen
Reifen vorn	90/90-18
Reifen hinten	130/90-16
Bremse vorn	Scheibe
Bremse hinten	Scheibe
Leergewicht (kg)	196–209
Tankinhalt (Liter)	14,2 / 17
Höchstgeschw. (km/h)	155–165
Verbrauch (l/100 km)	k. A.

JAWA

jawa
650
Style
BOMBARDIER
ROTAX

Jawa 650 Dakar (Typ 836-3)

Neben einer von dem Modell Classic abgeleiteten Polizeimaschine stach ab 2006 die »Dakar« aus der 836er Reihe mit dem Rotax-Motor heraus. Ein Modell Dakar hatte es mit dem 650er Motor schon von BMW gegeben, die Jawa zielte aber allein schon optisch eher in Richtung Suzuki V-Strom, auch preislich übrigens. Eine Enduro wollte diese Maschine in jedem Fall sein und es war das beste Motorrad, das die Tschechen in den letzten Jahren gebaut haben. Optisch mit den drei Scheinwerfern in der Cockpit-Verkleidung ein wenig futuristisch, technisch mit zwei Bremsscheiben am Vorderrad und einem Zentralfederbein mit Umlenkung, war die Maschine auf einem aktuellen Stand. Und in punkto Verarbeitung hatte man sich jetzt bei Jawa mehr Mühe gegeben. Das galt auch für die anderen 650er Jawa-Modelle, deren Preise für 2007 kräftig angehoben worden waren.

Fahrzeugtyp	Reiseenduro
Produktionszeit	2006–2008
Motor	1-Zylinder-4-Takt
Steuerung	dohc/4
Kühlung	Wasser
Hubraum (cm³)	652
Bohrung/Hub (mm)	100/83
Leistung PS/1/min	48/6500
Verdichtung :1	9,7
Getriebe	5-Gang
Rahmen	Rohrrahmen
Federung vorn	Telegabel
Federung hinten	Schwinge mit Federbeinen
Reifen vorn	90/90-18
Reifen hinten	130/90-16
Bremse vorn	Doppelscheibe
Bremse hinten	Scheibe
Leergewicht (kg)	198
Tankinhalt (Liter)	17
Höchstgeschw. (km/h)	160
Verbrauch (l/100 km)	k. A.

Jawa Travel 250

Eine 250er mit Zweizylinder-Viertaktmotor und 17 PS wäre 20 Jahre früher noch der Renner gewesen; im Jahre 2008 war die neue Jawa als Einstiegsmodell aber nur noch bedingt interessant. In einigen osteuropäischen und muslimischen Ländern war sie als Alltagsfahrzeug aber durchaus gefragt. Zumal sie stabil genug war, auf Wunsch auch mit einem Velorex-Seitenwagen kombiniert zu werden. In Westeuropa konnte die Maschine mit dem alten Honda-Zweiventilmotor und Vergasern dank Katalysator und Euro-3-Norm günstig angeboten werden, über Verkaufszahlen ist aber nichts bekannt. Nach tschechischen Designvorgaben wurde die Maschine komplett in China gefertigt und von Jawa in die Tschechische Republik importiert.

Fahrzeugtyp	Motorrad
Produktionszeit	2008–
Motor	2-Zylinder-4-Takt
Steuerung	ohc/2
Kühlung	Fahrtwind
Hubraum (cm³)	234
Bohrung/Hub (mm)	53/53
Leistung PS/1/min	17/7500
Verdichtung :1	9,2
Getriebe	5-Gang
Rahmen	Rohrrahmen
Federung vorn	Telegabel
Federung hinten	Schwinge mit Federbeinen
Reifen vorn	3.25-18
Reifen hinten	3.50-18
Bremse vorn	Scheibe
Bremse hinten	Trommel
Leergewicht (kg)	139
Tankinhalt (Liter)	17
Höchstgeschw. (km/h)	120
Verbrauch (l/100 km)	k. A.

Jawa 660 Sportard / Vintage

Der Rotax-Vergasermotor konnte die verschärften Abgasbestimmungen in Westeuropa nicht mehr erfüllen, weshalb ab 2009 ein Einzylinder-Viertakter von Minarelli mit Vierventil-Technik und Einspritzung für die neue Jawa 660 zum Zuge kam. Das bisherige Spitzenmodell der Viertaktreihe, die Dakar, wurde in Sportard umbenannt, behielt aber wesentliche Designmerkmale der Vorgängerin. Fahrwerksseitig kam wieder ein geschweißter Rohrrahmen zum Einsatz, die Aluminium-Kastenschwinge stützte ein Zentralfederbein ab. Das Vorderrad war mit zwei Bremsscheiben von je 305 mm Durchmesser bestückt, für das Hinterrad musste eine Scheibe (aber vier Kolben) mit 280 mm reichen. Als Motard-Adenium war die Maschine unter anderem mit höherer Scheibe und zwei Aluminiumkoffern als »Adventure«-Variante zu haben. Außerdem baute Jawa die Maschine als Vintage-Modell in Anlehnung an die Jawas der 1970er Jahre.

Fahrzeugtyp	Motorrad
Produktionszeit	2009–
Motor	1-Zylinder-4-Takt
Steuerung	dohc
Kühlung	Wasser
Hubraum (cm³)	660
Bohrung/Hub (mm)	100/84
Leistung PS/1/min	48/6000
Verdichtung :1	10
Getriebe	5-Gang
Rahmen	Rohrrahmen
Federung vorn	Telegabel
Federung hinten	Schwinge mit Zentralfederbein
Reifen vorn	120/70
Reifen hinten	150/70
Bremse vorn	Doppelscheibe 305 mm
Bremse hinten	Scheibe 280 mm
Leergewicht (kg)	198
Tankinhalt (Liter)	15
Höchstgeschw. (km/h)	160
Verbrauch (l/100 km)	k. A.

VINTAGE

Jawa 350 Style / Retro

Kaum zu glauben, aber Jawa baute auch 2018 noch Motorräder mit dem inzwischen über 70 Jahre alten Zweizylinder-Zweitaktmotor! Dabei haben die Tschechen zum einen das Modell »Style« von 2005 wieder belebt und mit einer grün lackierten »Military«-Variante ergänzt. Zum anderen kam den Jawa-Leuten die Retro-Welle auf dem Motorrad-Markt sehr zupass, denn nun konnten sie den alten Motor auch wieder mit den alten Designkomponenten des Modells 634 versehen. In die EU durfte Jawa den alten Zweizylinder-Zweitakter nicht verkaufen, aber man pries die Exporterfolge nach Mittelamerika und nach Russland. Immerhin konnte die Maschine optional mit einem E-Starter und der altbekannten Frischölschmierung (bei Jawa »Oilmaster« genannt) ausgerüstet werden. Vier Gänge und 24 PS mussten aber immer noch reichen.

Foto: © CC-BY SA-4.0

Fahrzeugtyp	Motorrad
Produktionszeit	2014–
Motor	2-Zylinder-2-Takt
Steuerung	Schlitz/Umkehrspülung
Kühlung	Fahrtwind
Hubraum (cm³)	343,5
Bohrung/Hub (mm)	58/65
Leistung PS/1/min	24/5250
Verdichtung :1	9,8
Getriebe	4-Gang
Rahmen	Rohrrahmen
Federung vorn	Telegabel
Federung hinten	Schwinge mit Federbeinen
Reifen vorn	3.25-18
Reifen hinten	3.50-18
Bremse vorn	Scheibe 305 mm
Bremse hinten	Trommel 160 mm
Leergewicht (kg)	154
Tankinhalt (Liter)	17
Höchstgeschw. (km/h)	120
Verbrauch (l/100 km)	k. A.

Foto: DratikCZ...

Jawa 350 OHC

2017 tauchte eine neue Viertaktmaschine im Programm der Tschechen auf. Die Basis dieser Jawa 350 OHC ist das chinesische Motorrad Shineray XY 400 mit einem in Lizenz gebauten Honda-Single, der entgegen der Jawa-Typenbezeichnung 400 cm³ groß ist und der Euro-Vier-Norm entspricht. Das Design der Maschine gleicht fast dem chinesischen Modell, wurde aber vor allem im Tankbereich dem Retrodesign der 350er Zweitaktmaschine angepasst.

Jawa selbst entwickelte die optische Gestaltung der 350 OHC Special in Anlehnung an die eigenen Rennmaschinen aus den 1960er Jahren. Jawa spricht bei diesem verkleideten Modell von einem Café Racer.

Fahrzeugtyp	Motorrad
Produktionszeit	2014–
Motor	1-Zylinder-4-Takt
Steuerung	ohc
Kühlung	Fahrtwind
Hubraum (cm³)	397,2
Bohrung/Hub (mm)	85/70
Leistung PS/1/min	27/6500
Verdichtung :1	8,8
Getriebe	5-Gang
Rahmen	Rohrrahmen
Federung vorn	Telegabel
Federung hinten	Schwinge mit Federbeinen
Reifen vorn	3.00-18
Reifen hinten	3.25-18
Bremse vorn	Scheibe 320 mm
Bremse hinten	Scheibe 240 mm
Leergewicht (kg)	167
Tankinhalt (Liter)	16
Höchstgeschw. (km/h)	130
Verbrauch (l/100 km)	3

SPECIAL
350 SOHC
JAWA